智元微库
OPEN MIND

成长也是一种美好

转化

好技术如何变成好生意

夏广润 / 著

人民邮电出版社

北京

图书在版编目（ＣＩＰ）数据

转化：好技术如何变成好生意 / 夏广润著. -- 北京：人民邮电出版社，2023.8（2023.10重印）
ISBN 978-7-115-62019-4

Ⅰ．①转… Ⅱ．①夏… Ⅲ．①科技成果－成果转化 Ⅳ．①G311

中国国家版本馆CIP数据核字（2023）第113820号

◆ 著　　夏广润
责任编辑　林飞翔
责任印制　周昇亮
◆人民邮电出版社出版发行　　北京市丰台区成寿寺路 11 号
邮编 100164　电子邮件 315@ptpress.com.cn
网址 https://www.ptpress.com.cn
三河市中晟雅豪印务有限公司印刷
◆ 开本：720×960　1/16
印张：17.75　　　　　　　　　2023 年 8 月第 1 版
字数：240 千字　　　　　　　2023 年 10 月河北第 2 次印刷

定　价：79.80 元

读者服务热线：（010）81055522　印装质量热线：（010）81055316
反盗版热线：（010）81055315

广告经营许可证：京东市监广登字 20170147 号

不需要追风口，你也可以赢

这几年，一谈到成功，就是追风口；一谈到商业模式，就是"互联网+""大数据+""AI+"；一谈到做销售，就是做电商、玩直播。似乎离开了这些热词，就被时代抛弃了。然而，这是真的吗？

全世界的生意千千万，真的都可以用这些风口再造一遍吗？当然不可能。

从特定的角度看，生意有三种：面向个人消费者（to C）、面向企业（to B）、面向政府（to G）。不是每种生意都可以在直播间里声嘶力竭地叫卖，更多的业务开展需要了解对方的需求，理解驱动对方不同部门的利益点，还需要规划合作方案，我们把这样的业务叫作卖"解决方案"。

当下，快递行业和移动互联网行业高度发达，通过"短视频+直播"让"冲动消费"创造了一个又一个爆品神话，仿佛只有这样才能赚钱，其他的生意都微不足道。任何神话都会有尽头，宇宙的尽头不是直播，很多人还没有意识到一个高光的、充满财富幻觉的时代已经结束了，个人消费力需要经过一段时间才能修复，那种基于"即时冲动消费"的生意要遇到困难了。

反而是服务企业，服务政府客户的企业，会秉持"长期主义"的理念，不追求推出畅销一时的爆款，而是思考做什么事情可以帮客户构建长期"护城河"。

做甲方的外部智囊，做甲方的合作伙伴，和甲方一起成为坚实供应链的一部分，这是未来让企业真正能长期生存下去的生意模式。

过去我们把这种技能叫大项目销售技能，在 2007 年我还写过一本书《超越对手——大项目售前售后的 30 种技巧》，一直到今天还在销售。也是因为这本书，我认识了很多朋友，广润老师就是其中一位，我和他曾经合作过一本书《不是谁都能创业》，领略了他犀利又诙谐的写作风格。

这些年广润老师一直深耕大项目销售运营和服务，积累了丰富的经验，他把这些经验持续输出在个人公众号"广润呈品"上，很多朋友看后觉得对工作帮助很大。今天他把这些内容整合梳理，写成新书，一定能帮助更多的人理解当下转型背后需要的能力，让更多的人从浮躁的泡沫中回归需要坚韧持续投入的企业服务事业中。

秋叶品牌、秋叶 PPT 创始人秋叶

诚 挚 推 荐

一看到书名，我就被吸引了。我教过太多的技术型学生，他们普遍不懂"生意经"，以为拥有技术特长就一定会创业成功，经常"拿着锤子找钉子"，对用户真正的需求缺乏洞察力。

夏广润是我早年的学生，他毕业后的第一份工作是在华为市场部。他很善于总结提炼，逐渐形成一套自己的认知体系，才能写出这样一本有价值的书。尤其是本书最后一章还借用批判性思维这个独特的工具对解决方案销售的局限性进行分析，令我十分欣慰。

——创业红娘、华中科技大学 Dian 团队创始人　刘玉教授

解决方案销售的方法论适用性非常广泛，其目的无外乎传递核心价值主张，打造企业在客户界面的核心竞争力，帮助企业赢得订单。但是国内只有少数大企业可以把这套方法论落地，更多的中小企业还在持续的摸索之中。如果让中小企业去照搬大企业的那些流程和规范，不仅成本高，学习周期长，而且效果也得不到保证。

广润老师把他丰富的工作经历和对解决方案销售的深刻理解进行了很好的总结归纳，让我们看到了这套方法论在不同类型企业落地的可能性和可行性。从市场中来，到市场中去，无论是现有企业对技术或产品

营销工作进行优化升级，还是技术或产品专家需要进行更好的产品规划布局，本书都有着很好的参考和借鉴作用。

在本书的最后一部分，作者跳脱出来，用自我批判的方式探讨了解决方案销售的局限性，让人思路大开，不忍释卷！

——前华为公司副总裁、标普云科技总裁　杨蜀

广润老师的这本书，我无法用区区数百字来表达其中的思想、工具乃至案例给我带来的深刻启发。只有拥有自己的技术和产品的企业高管们，才知道寻找到或培养出一个有商业思维、有客户意识、有职业化打法、能带领团队作战的优秀产品经理和解决方案经理有多难！

从推销到营销，市场历经数十年、数代的演进才真正实现了"创造客户价值"这句话的意义，而实现产品商业化最重要的市场连接纽带正是企业中的产品经理或解决方案经理——让技术或产品和市场、客户真正连接起来。广润老师的这本书不仅用大量的实战案例传递技术营销的战法，而且针对从个人作战到团队作战、从专家到团队、从职业经理人到创业者，提供了一系列的思想、技能、人才发展乃至考核设计的组合拳，让全员践行"产品的技术含量越高，越需要用核心技术和能力来提升溢价，就越需要用到解决方案销售"的理念。

——资深市场及人力资源专家、上海智用首席咨询顾问　严明

华为是国内较早进行解决方案销售的公司，在解决方案销售方面积累了较多的经验和教训。作为曾经在华为担任多年大客户经理的我来说，关于如何做销售的书也看了很多，但客观上来说，大部分书偏于理论，虽然讲得头头是道，洋洋洒洒，但作为读者却很难从书中得到真正的帮助。夏广润老师的这本书深刻总结了华为多年来在技术销售和解决方案销售方面的经验，并融入了他本人在不同行业内的观察和体会，形成了这样一本能够有效帮助技术人员进行销售工作的工具书。在这本书里，他把技术销售和销售技术的方法论和实操做了很好的解析。

对于读者而言，特别是对非营销科班出身的技术工作者而言，这本书可以让他们快速入门，帮助他们规避一些最常见的风险和错误。同时，在犯了一些错误时也可以第一时间在这本书里找到解决方案和弥补办法。这本书最大的特点是总结出了一套切实可行的从技术到商业转换的逻辑体系，帮助读者深入了解技术销售的方法以及一些销售技术的具体实践，也为技术营销人员的未来发展提供了更多的思考和方案。

本书的可读性很强，非常值得广大技术型销售人员作为参考书和工具书。

——《华为人才管理之道》《华为团队管理之道》作者、
前华为组织变革项目推行总监　陈雨点

从硬件产品销售向解决方案销售转型，是华为销售团队过去10年的主旋律。市面上已出版的图书中能讲清楚解决方案销售的很少。

前华为老将广润兄通过大量的实战案例，从思维体系、实战技巧等五个视角系统剖析这个主题，字里行间透出写实的力量和深邃的思想，特别适合"专精特新小巨人"类型的企业管理者阅读，诚挚推荐之。

——"学习华为三部曲"作者、华为原中国区规划咨询总监　邓斌

自 序

自我 2001 年大学毕业参加工作以来，在知名大企业、中小企业、创业企业都工作过，这些企业的业务涵盖了设备制造、系统集成、销售代理，此外，我还做过大中型企业的咨询和培训，也做过创业辅导。虽然所在企业的规模不同、性质不同、我的职位和角色不同，但主要工作都围绕着面向大客户（to B 和 to G）的解决方案销售展开。所以我对于"解决方案销售"这个岗位的理解，可能比一般人的维度更多一些，感触更深一些。

在我多年的学习和工作中，有幸结识了很多优秀的老师、领导、前辈、同事和朋友。他们聪明、勤奋、正直、乐于分享，让我受益匪浅、至今甚为感激！这些工作经验和技巧，其实是我们多年工作经验和教训的总结，实战性很强，方便落地。最近几年，我在微信公众号"广润呈品"中原创了近百篇与解决方案销售相关的文章，得到朋友们和业内专家的广泛好评。这也是促使我"斗胆"将那些比较碎片化的思维、知识、技巧整理成书的原因。

面对这个越来越不确定的世界，本书并不追求提供唯一正确的成长模式和标准答案，更没有提出什么深奥的理论。但是我们尝试给出更多的可能性，用方法的多样性来面对世界的不确定性，书中提供的很多方法和工具，读者拿来就能用。正所谓"兵无常势，水无常形"，很多方法和工具就是让你先出发，边用边调整的。

本书中的案例一部分来自大企业，一部分来自中小企业，还有一部分是我的亲身实践。其中有些企业还在持续发展，有的已经消失了。这些企业的遭遇都很有代表性，所以作为案例进行分享。这样的分享，可能比树立一个高、大、全的标杆企业让读者去"膜拜"更有价值。

相传伯乐教人相马。如果是自己所憎恶的人，就只带他看千里马。而如果是自己所喜爱的人，就带他们多看驽马、劣马。

为什么呢？因为千里马不常有，很长时间才能遇到一匹，所以获利机会少。而驽马到处都有，多看驽马和普通的马，并且能"反向思考"，才能快速提升自己相马和养马的水平，而且获利的机会多，因为几乎天天都能交易。

无论你是做投资的（相马人），还是做企业的（养马人），或者你自己就是赛道上的一匹马，相信都可以从本书中得到收获。

"好马且知夕阳短，不待扬鞭自奋蹄。"互勉！

技术人、营销人、企业人

发展实体经济，尤其是科技型实体经济，是我国产业发展的必由之路。如何让科技型实体经济的企业和从业人员能够在市场规则中合理合法地盈利，实现"科技—财富—科技"的正反馈循环，让企业逐步做精做强，是我国实现产业升级的关键一环。

本书面向的对象

1. 以技术和研发为主导的，面向企业、政府、特定行业等大客户（to B 或者 to G）进行解决方案销售和项目交付的高科技企业。

2. 企业规模在 50～500 人，年销售收入在 5000 万～50 亿元的高科技企业和团队，包括但不限于设备制造商、系统集成商、工程与服务商、大企业的子公司、分公司、事业部、"行业军团"，等等。

3. 技术创业者，尤其是需要从技术专家转型为工程商人、从纯技术团队转向经营型团队的团队骨干、合伙人，企业市场部、技术支持与解决方案部、人力资源部的负责人。

本书的出发点

我们无法教读者怎样做出"颠覆世界"的产品，也不会教读者怎样快速获得成功、走向人生巅峰（比如创业三年就上市，等等）。因为这些都是需要很大的机遇和环境因素的，除了自身的努力，天赋和运气也非常重要。我们所能分享给读者的是，作为技术工作者，怎样在时间有限、资源有限的条件下，能够基于手头有特色的技术和产品，搭建、运营和管理自己的团队，通过合法合规的运作，规避各种风险、抓住市场机会，赚取合理利润。

本书中很多章节中的内容，如果系统展开将会是"长篇巨著"。我们只是开一扇门，让技术专家和技术创业者在时间和精力有限的情况下，可以快速地先入这扇门，不犯基本的、常识性的错误，保证企业和团队能活下来，不至于在细枝末节上疲于奔命。这样才能在遇到具体问题后有足够的时间和精力找方法、找答案。

如果说那些成功的大公司及其管理体系就像一个功能强大而庞杂的专业图像处理软件的话，我们呈现的则是类似"一键美颜""一键瘦脸""一键美白"等让中小企业也能快速上手的经营管理工具（见图0-1）。毕竟让中小企业去学习和照搬那些大公司的流程、制度，将会付出巨大的成本，而且效果也不见得好。

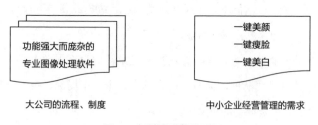

图 0-1　企业的经营管理工具

本书的底层价值观

1. 回归商业本质：专注做市场需要的技术和产品，是能够赚钱的

无论环境怎么变化，无论风怎么吹，"专注做市场需要的技术和产品，是能够赚到钱的"。

也许你听过"技术为王""渠道为王""流量为王""品牌为王""资本为王""客户关系为王"等各种说法，你也见过各种资本、流量、品牌、用户数等操作模式，看到那些商业领袖和追随者们的潮起潮落，似乎这些商业套路深不可测。

其实这些都是皮毛，都是表象，都不是商业的本质。

商业的本质，依旧是劳动产生的价值的交换。

我们所创造的工具、产品、商业模式，如果能让其他人节省时间和劳动力，他们会愿意为此付费，而且还要感谢我们所创造的工具、产品、商业模式。

商业的好处，是让自由交易的双方都能直接获利，也能直接或间接地让全社会获利。

纵观人类社会发展史，尤其是工业革命以来的发展史，我们会发现，科技文明和商业文明交相辉映，那些伟大的发明家和企业家互相配合，甚至发明家自己就是企业家，他们不仅自己赚得了巨额财富，更是给全人类带来了极大的福利。

如果明白了商业的本质，你就知道，那些所谓的"商业套路"都只是过眼云烟，无论多么厉害的"操盘手"，在历史的洪流面前都无比渺小；如果能够看清大势所趋，只需要顺势而为，就能乘势而上。

2. 学习和蜕变：从技术到商业的转换，是有章可循的

很多技术专家已经积累了非常丰富的技术和产品经验，但的确缺乏产业化和商业化的经验。再加上社会上的各种说法和各种"风口"的鼓吹，让这些技术专家要么对商业感到畏惧，要么冲动采取违背常理的做法，最后不得不饮恨出局。

从技术到商业的转换包括从产品技术到市场拓展的转换，从技术专家到管理专家的转换，从单打独斗到团队运作的转换，从企业运营到资本运作、资源整合的转换（见图 0-2）。这些转换充满了风险和挑战，也有合理的路径和方法，而这些方法是可以习得的。

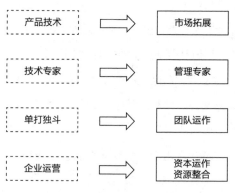

图 0-2　从技术到商业的转换

其实，在大是大非的问题上犯错的人很少，而倒在细枝末节中的人不计其数。虽然"细节决定成败"，但并非所有的细节都会决定成败。在本书中，我们会通过具体的案例和场景化的操作，展示如何在细节之中体现出专业，从而逐渐提升产品和团队的竞争力，并使成本完全可控。

3. 专注技术营销，辅之营销技术

一提到营销，很多人想到的都是技巧、方法、话术、套路等，似乎

"营销"总是和"忽悠"画等号。

好的营销，能够降低买卖双方的沟通门槛，促进销售的顺利完成。既能让卖方赚到钱，也能让买方得到好的产品和服务，提升工作效率和生活体验。

而坏的营销，则是以操纵"信息不对称"为手段，胡乱承诺、强买强卖，甚至涉嫌欺诈。

我们要专注的是技术营销，而不是营销技术。

我们曾经多次看到，一个专家有了很好的技术和产品，但是却不懂技术营销，于是找到几个很懂"营销技术"的人出去跑市场，不料这些人只会用那些蝇营狗苟的方式做销售，结果把一个本来很有前途的产品做成了"假冒伪劣"产品。

实际上，如果你的产品定位精准，而且瞄准了客户的刚需，只需要做几个基本的营销动作，就能完成不错的销售额。至于那些眼花缭乱的营销技术，有时候真的是可有可无，甚至是画蛇添足。

4. 给技术营销人员提供职业发展通道

在很多公司，做技术营销的人有很多。他们的岗位有的叫作"售前技术支持"，有的叫作 Marketing，有的叫作"解决方案部"等。

他们的工作内容，基础的包括写标书、做技术方案和产品报价、写 PPT 和讲 PPT，稍高级一点儿的比如做产品规划、行业解决方案，更高级一点儿的包括做产品战略、市场战略、品牌战略、资本运作等，涵盖了从基层工程师到中层管理者、企业高管乃至合伙人的整个企业成员的工作内容。

但是比较尴尬的是，相比于单纯的技术岗位或销售岗位，很少有企业能够给技术营销人员画出清晰的职业成长路径。这就造成了很多技术营销人员在工作了两三年后会进入职业的迷茫期和倦怠期——要么转型做销售，要么转型做管理，或者回归技术，甚至干脆换个工作平台，导致之前做技术营销的工作经验白白流失，这是企业和个人的巨大损失。

我们会对各个级别的技术营销岗位给出相对清晰的技能要求、工作职责、考核要点，帮助"小白"通过若干年的修炼，成长为行业专家或企业带头人。我们的目的就是让技术营销人才和企业的技术营销平台能够真正搭建起来，并且传承下去。

5. 打造工程商人与创业团队

企业缺人才，尤其缺有技术背景的实业型人才。技术人才和商业人才往往在沟通和理念上存在巨大的鸿沟，甚至"互相瞧不上"。

所谓工程商人，就是既懂工程技术，又懂企业运营和管理的复合型人才。这样的人才往往是通过多年的实战历练出来的，不能简单地用学历和学术指标来衡量；这样的人才往往是扎堆的，而且有强大的团队协作能力，所以很容易形成组织和团队。

从当年的爱迪生、亨利·福特，到后来的比尔·盖茨、史蒂夫·乔布斯（下文简称乔布斯）、埃隆·马斯克（下文简称马斯克）等，无不是既具有出色的技术背景，又具有跨越时代的眼光和魄力的人。他们通过建立起伟大的企业和团队，把技术转变为产品，不仅实现了个人的财富积累，也大大改变了世界上无数人的生活乃至命运。他们都是出色的工程商人，也是广大技术工作者的榜样。

我们当然希望发现和挖掘乔布斯、马斯克这样的顶尖人才，但这是可遇不可求的。而如果我们把很多相对优秀的工程师整合起来，通过合理的分工和管理方式，通过高效的团队运作，打造合理的平台，一样也能取得不错的效果。

从另一个角度讲，即便有乔布斯、马斯克这样的天才，他们也不可能在"盐碱地"里生长，他们也需要好的土壤和养料做支持。而运营高效、管理良好的工程商人团队，恰恰能为这类天才的成长和成功提供肥沃的土壤和养料。

现在很多地方都在招商引资，争夺人才，互相攀比招来多少博士、多少海归、多少行业领军人物，但效果还是很有限，为什么？因为越是优秀者，就越需要高规格资源做支撑，尤其需要能够将其技术和思想迅速转化为实际价值的资源支撑。

所以，打造优秀的工程商人团队，一方面可以"破茧成蝶"，让自身蜕变成"天才团队"；另一方面也可以"栽下梧桐树，引得凤凰来"，而且来了就能留得住，还能带出一大批小凤凰。

本书的结构

本书分为五个部分：思维体系篇、实战技巧篇、人才成长篇、团队运作篇和精英创业篇，这五个部分分别对应着解决方案销售的几个维度，这几个维度是环环相扣的（见图 0-3）。

解决方案销售不是一个岗位的事情，也不是一个团队的事情，而是企业的整体运作。

优秀的技术营销专家，不仅自身要具备良好的工作技能和修养，也要能够带领团队去获得胜利；他们不仅是技术专家和营销专家，也精通人力资源管理和企业管理。这就是本书前四部分论述的内容。

本书的第五部分"精英创业篇"，谈到了技术营销人才怎样建立创业思维和老板思维。这里的目的不是让大家一定要创业开公司，而是让大家通过建立创业思维和老板思维，可以用更高的维度审视现有的工作，

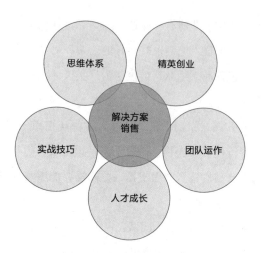

图 0-3　解决方案销售的五个维度

打开自己的格局和眼界。这对自己、对团队、对公司都是很有必要的。而其中"自我批判：解决方案销售的局限性"一章，则阐述了解决方案销售的局限性和适用范围，探讨了在哪些情况下解决方案销售并不适用。

　　本书在结语中指出：企业要具备做解决方案销售的能力，也要有超越解决方案的气魄和格局。

目　　录

壹
思维体系篇

贰

实战技巧篇

叁

人才成长篇

肆
——
团队运作篇
——

伍

精英创业篇

壹　思维体系篇

第 一 章

技术商业化，需要解决方案销售思维

1.1 突破技术商业化的"窘境"

随着产业不断升级，"中国制造"的技术含量也越来越高。过去一门心思做产品开发的技术专家们，越来越需要直接面对客户进行交流，甚至会走到前台做产品推广，从技术专家转型为营销和推广专家。

也许是受文化和价值观的影响，也许是性格的原因，技术专家做产品推广或创业时，往往会遇到一个很实际的问题：不善于或羞于谈钱。他们要么开价过低，把产品和公司贱卖；要么自视甚高，漫天要价，错失商业机会，甚至得罪潜在用户。

那么，一个技术专家应该怎样合理地讨论商务呢？怎样让他们的技术、产品、团队在市场上获得符合其真正价值的收益呢？那就要搞清楚技术营销、营销技术、解决方案销售这三者之间的关系，并且要能够合理地利用这些工具和手段。

技术营销，是指把有一定技术含量的技术或方案进行产品化、产业化、规模化，并带来足够的利润的活动。比较典型的是科研人员创业、高新技术企业的运作和发展等。

营销技术，是指营销上的很多手法，比如产品的卖点发掘、话术、市场分析方法、客户沟通技巧等。

解决方案销售，是技术营销的具体操作模式，包括一套思维体系、可落地的方法论、弹性的组织团队、合理的运作流程、实用的管理工具和丰富的营销资源池。解决方案销售的过程中也会用到营销技术。

技术营销和营销技术就如一对齿轮，二者配合得越好，解决方案销售就越能产生效益（见图 1-1）。

图 1-1　解决方案销售的效益取决于技术营销和营销技术的配合

总之，产品的技术含量越高，越需要用核心技术和能力来提升溢价，就越需要用到解决方案销售。解决方案销售的思想和技巧，就是技术专家做市场推广和创业的重要法宝。

1.2 大多数的解决方案在自欺欺人

现在号称做解决方案的公司成千上万，尤其是那些有一定技术积累，面向企业（to B）和面向政府部门（to G）项目的公司。这些公司有设备生产厂家，有系统集成商，也有专门做工程交付的公司等，他们都说自己在做"××行业解决方案"。但事实上，能做出合格的解决方案的公司凤毛麟角，因为很多公司连什么是真正的解决方案都没搞明白。他们以为把一份厚厚的文档或炫酷的PPT做出来，就是做了解决方案，以至于有些公司的解决方案部门"沦为"文档和PPT输出部门。

与此同时，很多客户也很纠结，他们的案头堆积着各个公司制作精美的"解决方案"，但基本上都在自说自话，真正能说到客户心里去的，几乎没有，客户真正有需求时不知道该找谁。

为什么会出现这种情况呢？

首先要明白：解决方案不是漂亮的PPT，不是厚厚的文件，不是技术自恋秀，也不是产品卖点。

我比较认可SPI公司创始人基斯·M.依迪斯（Keith M. Eades）在他的《新解决方案销售》中对"解决方案"的定义：解决方案是买卖双方在共同认定的问题上找到达成共识的答案，并且答案要体现在可衡量之处。这个定义明确指出了解决方案的三要素（见图1-2）。

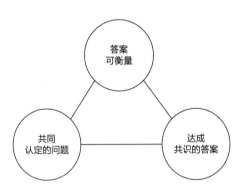

图 1-2 解决方案三要素

所以，先不评估你们公司的解决方案好不好，技术和产品是否酷，PPT是否漂亮，卖点是否响亮，你只需要先回答以下三个问题：

（1）你们的解决方案针对的客户的问题和痛点，是否做了广泛的市场调研？

（2）你们给出的解决方案，是否与客户一起完成的？

（3）你们的解决方案实施后的效果如何评估？是否有测试仪器、财务报表、第三方测评或双方共同认可的测试标准？

如果这三个问题都有很明确的答案，那就赶快去和客户对接吧，看看市场的真实反应如何，是否能签单、交付和回款。衡量解决方案好坏的唯一标准就是项目成功。

如果这三个问题的答案都是"否"，那么你给出的解决方案，很可能是"给自己挖的大坑"。

记住：好的解决方案，不是关着门想出来的，而是靠两条腿跑出来的。

除非你是乔布斯、马斯克那样的"天才"——"用户不知道他们想要什么，但我知道！"

1.3 解决方案销售，提高项目可控性

"胜兵先胜而后求战，败兵先战而后求胜"是《孙子兵法》中一个极重要的观点。事实上，在市场竞争中，很多项目其实在开打之前就胜负已定，所谓的"销售过程"就是走一个流程而已。

在企业的所有运营因素当中，市场和销售的不确定性是最大的。运作一个市场项目，不仅要面对市场环境的不确定性，也要面对不同销售人员（有时候就是老板自己）在销售能力、销售技巧甚至销售天赋上的不确定性。而那种具备销售天赋和能力的人才，是可遇不可求的。

更何况，很多项目不确性很大，尤其是 to B 或 to G 类型的项目。这类项目往往金额巨大（从数百万元到上亿元）、时间周期长（短则数月，

长则几年）、项目组构成复杂（从几人到数十、上百人都很正常）。

　　解决方案销售方法的核心价值就是能尽量降低销售环节中的不确定性，控制和规避风险，让企业的技术营销组织变成真正的"胜兵团队"，能够在项目中牢牢把握主动，做到"先胜而后求战"。也就是说，增强运作结果的确定性。

　　公司的销售不能只靠销售明星和运气，还需要通过平台化和规范化，让每个销售员都能取得不错的销售业绩，并获得能力的提升和职位的晋升。只有把每个销售员的潜能都激发出来，企业高层才能抽身出来思考和操盘更有战略性的事情，而不至于陷入具体的项目中无法自拔。也只有增强项目的可控性（见图 1-3），让项目成功不再是幸运使然，而是主动牵引下的"顺势而为"，才能让企业积小胜为大胜，从项目成功走向企业成功。

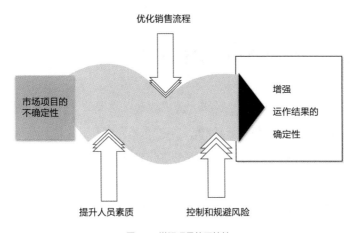

图 1-3　增强项目的可控性

　　企业的销售行为中，最敏感的两个元素是客户关系和价格体系，如果这二者被同一个人或同一个部门把控，则很容易出现问题。

　　有的公司规定销售部门负责销售拓展和客户关系，但把项目方案和价格体系放在营销或售前部门，以此控制项目风险（见图1-4）。作为销售人员，当然可以与客户建立良好的个人关系，公司对于正常的商务费用报销也不含糊，但是产品卖多少钱，由营销部门说了算。销售员只需要知道项目授权的价格，但不能知道成本。就算将来发生人事变动（原则上这两个岗位的人事变动总有先后，不可能同时调整），市场关系也能很快接续。

图 1-4　控制项目风险

1.4　从买卖关系到建立价值同盟

任何销售行为中，做好客户关系都是至关重要的。但解决方案销售中的"客户关系"和传统意义上的"客户关系"有着本质的不同。

真正的解决方案销售，绝不是和客户建立买卖关系，而是要成为价值同盟关系。哪怕我们的最终目的还是要卖东西给客户，开始时也一定要控制住急着卖产品给客户的想法，因为客户不仅是购买我们的产品，更是投资他自己。

我们评估客户的价值，绝不是仅仅核算成本，更要知道客户的增量价值在哪里。

再比如针对产业园区提供园区信息化方案。你可能会说，那就搞安防监控、人脸识别、车辆识别、消防安全、智能用电、空调节能系统……是的，这些都需要做，但这些只是具体的技术实现方案，并没有帮助园区体现价值。

只有先确定了园区的价值，才能确定我们方案的价值。园区的价值，至少可以体现在以下几点。

（1）园区的地产价值，这块地皮和房屋值多少钱？和周边比，增值快否？

（2）园区的产业价值，年产值是多少？是传统行业还是高科技行业？

（3）园区的数据价值，园区所有的资产、人员和运营数据值多少？

（4）园区的碳排放是多少？人均碳排放、坪效碳排放的数据呢？

（5）园区的管理团队价值，有没有高素质的、管理良好的园区管理团队？

想想看，如果这个园区要上市或被收购，是不是至少要有这些兑价条件？

园区的管理者无时无刻不在琢磨这些事情，而我们要提供的园区信息化方案，就是要让他们现有的园区价值变得更大。

假设园区投资 5000 万元做信息化，结果我们的解决方案让园区总价值增加了 1 亿元，那么园区这 5000 万元就花得值！这才是一个解决方案经理应该努力去做的事情。

按"我的方案卖多少钱"这个思路，项目会被导向成本核算，此时甲乙双方是博弈关系，面临的是技术和方案的内卷[①]，纠结于价格高低，惨胜如败；按"我的方案值多少钱"这个思路，项目会被导向客户价值

---

① 内卷，网络流行语。原指一类文化模式达到某种最终的形态后，既没有办法稳定下来，也没有办法转变为新的形态，而只能不断地在内部变得更加复杂的现象。经网络流传，现指同行竞相付出更多努力以争夺有限资源，使某个组织或某领域陷入一种不健康的竞争状态，导致该组织或该领域的参与者彼此倾轧和内耗。

的增量计算，此时甲乙双方是合作关系，双方能够站在同一个角度审视采用该方案之后的收益如何。

所以，专业的解决方案销售，会重新定义客户关系（见图1-5），不是着急卖东西给客户，而是先帮客户做价值分析。

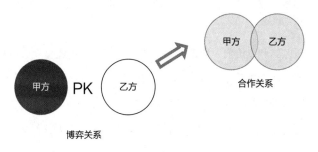

图1-5　重新定义客户关系

有的企业通过与客户联合成立子公司的方式来进行拓展——你买我的产品，售后服务工作就交给子公司（见图1-6）。也有的企业和客户的子公司签订合作协议，让他们承接售后服务工作。这种方式尤其适合在异地进行产品拓展和服务的企业。这样既解决了产品销售和本地化售后服务的问题，又解决了客户的就业安置问题。当然，前提条件是合规合法。

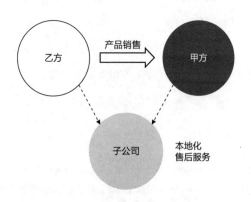

图1-6　与客户联合成立子公司

1.5 从包子铺看解决方案的六大模块

虽然解决方案销售和技术型企业更相关，但做解决方案并不是什么不得了的事情，其底层逻辑与传统行业（比如开个包子铺）都是相通的。

其实无论是做产品、做系统集成还是做工程交付，都是在做解决方案。差别是企业将自己定位为做产品的解决方案、做系统集成解决方案还是做工程交付的解决方案而已，当然也有大公司可以做综合解决方案。

一个真正的解决方案，无论是上述哪一种，都包含六大模块：产品可交付；成本核算守底线；报价体系有策略；交付管控有制度；资金筹划控风险；项目布局有节奏（见图1-7）。大家对这六大模块往往"一说就懂，一做就忘"，其实无论是要飞向太空，还是在街边开个包子铺，这六大模块都缺一不可。

图 1-7　解决方案的六大模块

1.5.1 产品可交付

归根结底，解决方案必须真有一个可交付或可感知的东西，要么是实体，要么是软件或服务。

你是开包子铺的，就得真的有包子卖。虽然融资时用 PPT 展示包子铺也不是不行，但也要有落地的日程表。

即便富如马斯克，为了实现商业盈利（预期），也是力求节省成本，无论是他的特斯拉电动汽车、可回收的火箭，还是超级地下隧道，都是将成熟或基本成熟的技术重新整合和优化后加以利用。

1.5.2 成本核算守底线

这个是很多技术创业团队的"死穴"——成本到底该如何核算？

核算解决方案的成本，不仅要考虑技术开发成本，还要考虑团队运营成本、市场开拓成本、量产成本、资金使用和税务成本、采购和供应链建设成本等。

为什么零售时鲜肉包卖 2 元一个，酱肉包卖 2.5 元一个，而青菜香菇包卖 1.5 元一个？看似简单的售价，其实是对各方面成本核算之后的结果。

1.5.3 报价体系有策略

同样是卖包子，一手交钱一手交货的零售怎么报价？每天定点配送给大客户 100 个、200 个、500 个包子……怎么报价？能不能做预售？能不能做成期货？怎么报价？怎么结算？

我见过很多技术创业者，产品也做得不错，可一到报价时就支支吾吾，显得不够真诚，其原因就是他们心里没底。在这个方面真不如一个开包子铺的老板来得爽快。

小提醒：对产品和方案报价时一定要"温和而坚定"，态度上要温和，表达上要坚定。解释得越多越显得不真诚。

1.5.4 交付管控有制度

为了保证每天早上 6 点半开始有包子出售，需要几点开始做馅？几点开始和面？几点开始蒸包子？配套需要的牛奶、豆浆、卤鸡蛋什么时候到货？这些都需要落实到位。

1.5.5 资金筹划控风险

开包子铺需要核算哪些固定成本和浮动成本？需要多少启动资金？是自创品牌还是做加盟店？怎样和上游单位结算？结算档期如何定？为了防止原材料成本发生大的波动，做包子必需的青菜、五花肉、面粉等原材料能不能锁定报价？结算档期是多久？融资渠道（银行、小额贷款、网贷、朋友借等）有哪些？如果有项目需要，3 天或 1 周之内能筹到多少钱？员工工资怎样结算？员工社保费如何缴纳？

1.5.6 项目布局有节奏

现在盈利还不错，是把店做大，还是要开个分店？是继续做包子铺，还是投资一个奶茶店？要不要做互联网营销？要不要采取节日促销活动？怎样维持最低的经营成本，保证能"活下去"？在什么情况下停止运营？在什么情况下关店甚至退租？

我不推荐大学生直接创业，也不赞成技术专家直接创业，是考虑到他们可能对商业规则的认知不深，太理想化，容易对自己的产品盲目乐观。

我建议他们要么找一个真正在商业环境里面有丰富实战经验的合伙人，要么慎重考虑一下：与开个包子铺相比，我们的解决方案还缺啥？

1.6 落实解决方案需要做到"三可控"

上文提到的解决方案的六大模块，是静态的展示；而解决方案一定要可落实才能产生价值，而这是一个动态的过程。这与交战之前排兵布阵是一码事，而真正开战之后对全局的把控则完全是另一码事。

什么是对落实解决方案的全局把控？具体就是做到"三可控"：销售可控、交付可控、运营可控（见图1-8）。

销售可控	交付可控	运营可控
• 能找到精准客户 • 成本与利润合理 • 产品清单和报价 • 销售和渠道合作	• 采购与供应链 • 产能和库存评估 • 物流和交付周期 • 安装和维保服务 • 问题响应与处理	• 商业模式与战略 • 资金安全与盈利 • 项目投入与回款周期监管 • 资本运营与合作 • 企业可持续发展

图 1-8 落实解决方案的"三可控"

1.6.1 销售可控

能找到精准客户

非常清楚客户画像，比如某个客户在其行业内处于什么地位，是行业领袖还是行业挑战者？销售工作的切入点是这个客户的高层、中层还是基层？

成本与利润合理

我们的成本构成是什么？与业界平均水平相比如何？我们的成本是否可优化？我们的利润能否支撑可持续发展？我们的利润能否屏蔽潜在竞争对手的进入？有没有给市场拓展和渠道留下空间？

在不具备技术或行业的绝对优势时，高利润只会引起竞争对手的蜂拥而入，形成价格战。最合理的利润就是既能支撑自己的发展，又能让潜在的竞争对手认为这个行业形同鸡肋。这样才能给自己足够的发展时间和空间去做宽、做深护城河。

产品清单和报价

如果客户马上要产品清单和报价，你能及时提供吗？清单上列出的一定是可以马上交付的东西，不能是半成品。第一次报价怎么报？报价高了显得没诚意，报价低了客户会认为你们不专业，对行业不了解。

不要怕客户还价，而要怕客户不还价。怎样让客户看了报价就想讨价还价而不是敬而远之，这里面大有学问。

销售和渠道合作

做直销还是做分销？在什么行业、什么区域做直销，在什么行业、什么区域做分销？直销和分销的价格体系不能左手打右手，还要防止串货。有没有考虑做系统集成或与其他企业合作做系统集成？要不要发展渠道代理商、经销商、工程服务商？给他们留的利润空间有多少？怎么结算？

不要怕中间商赚差价，尤其是在技术团队缺乏社会资源，更不懂销售技巧的情况下。找到中间商，明确责任和权利，让他们参与进来。只有这样，你们才能接触到更多的社会资源，你们的产品才会卖得好。

1.6.2 交付可控

采购和供应链

你们的方案涉及的所有产品和零部件，供货商都能及时供货吗？他们的响应速度和供货周期如何？结算周期如何？每种产品和零部件、物流公司都能确保服务商至少"1+1"备份吗？

产能和库存评估

公司库存（包括上游库存和经销商库存）是怎么做的？有多少天的保障？库存成本怎么控制？

物流和交付周期

客户下订单之后，生产和运输周期是多久？多久可以将产品交付给客户？与业界平均水平相比如何？

安装和维保服务

公司的产品是否方便安装和维保？有没有简单易懂的安装和维保指

南？是自己公司负责安装和维保服务，还是将维保工作外包？我建议公司要有售后服务专家，各区域或行业的外包服务公司往往是客户指定的团队，他们对当地市场和客户风格非常了解，有时候能成为我们的"信息员"，与之形成良好互动是非常有必要的。

问题响应与处理

产品在交付和维护过程中，往往会出现事先预想不到的问题，怎样将问题控制在合理的范围快速处理，能够"大事化小，小事化了"，这是技术，也是艺术。

问题本身是客观存在的，但是对问题的反馈和处理方式是必须要好好琢磨的。更何况，很多客户的新需求和市场的新机会，往往就是在问题暴露之后和解决问题的过程中产生的。

有时候，"危机"真的会带来新机会。

1.6.3 运营可控

商业模式与战略

你们的商业模式是否可行可控？是靠卖产品赚钱还是做服务赚钱？有没有政策风险？

资金安全与盈利

谁来保证对上游的付款、对客户的回款以及对经销商的结款？各种融资渠道和账期是否对得上？谁负责和投资方谈融资和并购？在没有外来收入的情况下，你们团队可以支撑多长时间？

项目投入与回款周期监管

你们公司现在靠什么树立品牌？靠什么赚钱？未来 1 年内、3 年内、5 年内，公司对盈利模式和产品服务形态有什么规划？

资本运营与合作

所有不谈现金流的商业模式和不谈钱的团队都不那么靠谱，一个团队既能谈理想、谈格局、谈未来谈得热血澎湃，还能经常讨论怎么赚钱和怎么分钱，才是真正靠谱的团队。

企业可持续发展

企业的可持续发展不只是老板的事情，也不只是高层的事情，而是企业所有员工的事情。销售人员、服务人员、采购人员、财务人员、供应链与库管人员等都是公司信息的第一来源人，不能全靠老板。

有发展潜力的团队，可以把同一种产品卖给不同的客户，也可以把不同的产品卖给同一个客户。他们每卖出一次产品，就多一个社会信息反馈点。因为他们关注的都是客户现场的问题、用户的抱怨、竞争对手的动作，他们内部和外部的信息流永远都是畅通的。信息通则财源通，企业当然能够做到可持续发展了。

有的公司每卖出一次产品就得罪一个客户，客户现场出了状况，老板不敢出面，而当销售和客服部门的人员反馈竞争对手的产品特点和优势时，老板还觉得他们是"长他人志气，灭自己威风"。这样的团队，怎么可能发展得起来？

做解决方案不难，难的是落实解决方案。落实解决方案的要点就在于这"三可控"，而且务必落实到人，否则你们的解决方案就像"马尾穿豆腐"——提不起来。

第 二 章

制定产品战略和市场战略

2.1 产品定位：你真的知道自己在卖什么吗

恐怕很多人都不相信，很多老板都不知道自己到底在卖什么，而且他们也不知道到底谁是同行，谁是竞争对手。甚至，当他们看到同行迅速发展起来时还挺不服气，认为这不可信。

何况，你以为的"同行"，就真的是"同行"吗？

第一个例子：小罐茶

小罐茶大家都很熟悉吧。你可以说它过度营销甚至涉嫌"虚假宣传"，但它就是后来居上，短短几年时间就在茶叶市场中做出了 20 亿元的年销售额。而其他的茶叶品牌，10 亿元的年销售额几乎就是极限了。

小罐茶卖的真的是"茶"吗？错！小罐茶的定位不是茶，而是礼品！

小罐茶的竞争对手不是其他的茶叶品牌，而是中高端礼品。

中国有非常悠久的饮茶历史，也有丰富的茶文化，茶已经深入中国人的生活。但是茶又是很难标准化生产的产品。各种关于茶的故事在坊间流传：这边几棵几百年的茶树，那边是一片某人品过茶的茶园，茶庄的茶叶直供某大明星的茶桌。

真能喝得出茶品差异、品出茶的价值的人，又有几个？但是很多人喜欢用茶当作礼品——无论是招待客人，还是走亲访友，都离不开茶。

有时候，送茶的人和收茶的人都对茶叶一知半解，但送茶的人想让对方感到"心意到了"，那就要选一个大家都认可的品牌茶当作礼品——就算小罐茶没那么好，但至少差不到哪儿去。

所以小罐茶解决的不是喝茶的问题，它解决的是送礼双方"信息不对称"的问题。

小罐茶铺天盖地的广告，是给经销商看的，是给赠送礼品的人看的，也是给接受礼品的人看的——把我们小罐茶当礼品送人，至少错不到哪儿去。

所以，那些去分析小罐茶的茶叶好不好、是不是"大师造"的人，压根儿就没搞清楚"小罐茶"卖的是什么。

第二个例子：奶茶加盟

现在很多人问我加盟某品牌开奶茶店是不是个好生意，我就会反问他：你知道的这个奶茶品牌，是靠赚用户的钱还是靠赚加盟商的钱生存的？或者说，你是否了解这个奶茶品牌，他们卖的到底是奶茶，还是奶茶的品牌？有的店是打着卖奶茶的旗号圈钱，产品、店铺、管理模式等都是外层包装，圈钱才是目的。

反过来，如果你是一个奶茶品牌的创始人，你是想靠卖奶茶赚钱，还是想靠卖品牌收加盟费赚钱，想好了吗？

第三个例子：智能电动汽车

现在做智能电动汽车的公司太多了，每个公司的背景不同，技术储备不同，对智能电动汽车产品的理解也不同。

智能电动汽车到底是靠电驱动的智能汽车，是带四个轮子的智能手机，是除了家和办公室之外的"第三空间"，还是……?

但是，智能电动汽车一定会改变我们的出行和生活方式。

在大城市，有千千万万的人每天需要开车 60 分钟以上，而这些人的时间又是极其宝贵的，每天花 60 分钟开车简直是极大的浪费，但也不是每个人都请得起司机开车。

在可预见的将来，这个问题应该能得到一定程度的解决——哪怕不是完全自动驾驶，实现有条件（比如市内低速 / 园区 / 高速公路）的辅助驾驶还是完全可期的。

一旦驾驶行为发生颠覆性的改进，那么到底会发生什么，你能想得到吗? 如果你是智能电动汽车的制造商老板，你能说清楚你到底卖的是什么吗?

2.2 产品战略：凉粉店模式还是"老干妈"模式

无论在什么行业，商业的底层逻辑往往是相通的。所谓的产品战略，就是决定该做什么不该做什么，有所为有所不为。产品战略和市场战略息息相关，密不可分，你很难把二者切割开。以下案例都能体现这一点。

"老干妈"陶华碧的创业史十分传奇。她原来是开凉粉店的，自己也做拌凉粉用的辣酱。后来，她发现很多顾客到她店里用餐都是冲着辣酱去的，甚至有人在别的店里买了凉粉也到她的店里取辣酱。

一般人可能想到的是发挥做辣酱的特长，把凉粉店继续做好、做大、做强，然后把附近的凉粉店都并购过来。而陶华碧却做了一个天才的或者说是"本能"的决定：不开凉粉店了，专门做辣酱。

陶华碧真是天生的"产品经理"——对自己的"非核心竞争力"业务说砍掉就砍掉，毫不手软，进而全力聚焦做强自己的核心竞争力产品。

开凉粉店还是做辣酱，这是两种完全不同的产品战略和市场战略（见图 2-1）。

卖凉粉   **卖辣酱**

把凉粉店开到   **VS**   让全国的凉粉店
全国   都可以用我们的辣酱

图 2-1 战略选择

开凉粉店，需要负责整个店面的运营，需要的资金量较大，离终端用户和市场更近一些，对市场反应更为敏感，短期内的营业额更大，如果要扩展，所需投入的资金量也大。

而做辣酱，只需要专注于做好辣酱，至于别人买了辣酱是去拌面吃还是拌饭吃，你不用管那么多，安安心心把辣酱做好就行了。给其他凉粉店供货（to B），或者给超市供货（to C），刚开始成交量不大，但是一旦成功，复制的速度会更快。

现在做"智慧城市解决方案"的公司多如牛毛，但是能活得好的，往往就是理清楚了产品战略——到底做智慧城市平台总集成（开凉粉店），还是做单一产品。

当年有很多小公司都冲到"智慧城市""智慧园区"等领域做总集成，却发现做总集成需要的资金量太大，小公司根本玩儿不转。但后来有的公司发现在这一领域中做小区安全改造的需求很大，具体一点儿说这个需求就是对老旧小区和写字楼的空调和照明线路进行安全改造，更具体一点儿就是智能空气开关的软硬件增改——无须改变原有线路，只需要更换开关就可以实现远程操作，而且能做到分时、智能。对于这些"小玩意儿"，大公司根本不屑于做，但是每个工程都会用得到。当时很多企业正是赶上了房地产的迅猛发展和旧城区改造的红利，现在都还"活"得不错。

在电商行业生态圈，有的负责平台建设，有的负责产品生产，有的负责线上销售，有的负责物流运输，有的负责店铺装修，有的负责直播带货……这些生态圈中的具体细分行业都有很多机会并涌现出许多成功案例。

但在近年来概念火爆的"工业互联网"行业，真正赚到钱的企业并不多，因为这个行业的产业链太长了：5G、窄带物联网（NB-IoT）、低功耗局域网无线标准（LoRa）、人工智能、大数据、云计算、边缘计算、区块链……这些领域统统都有超级巨头盘踞。任何一个公司要在这些领域扎根，至少得有 10 亿元以上的投入。

但在这些领域中，有一个细分领域是可以让小公司找到机会的——工业数据采集。

由于工业发展过程的原因，中国现在的制造业企业中应用着来自国内外数百家大大小小供应商的设备、PLC 模块，有的供应商甚至已经破产，而他们的底层数据采集模块，多半采用的是私有协议，而非全球通用的公有协议。所以要把这些设备的运行数据采集到云平台，就需要逐个去现场做开局对接——如果连设备的数据采集都无法完成，所谓的云计算、大数据、人工智能都是空中楼阁。

那些大公司往往只愿意做有公有协议的数据采集，因为这样可以很快把市场做大，私有协议的对接对巨头企业来说市场空间有限。现在有很多创业公司正在做工业数据网关——向下可以快速匹配成千上万种国内外设备的私有协议，向上可以和主流的云平台（阿里云、华为云、腾讯云等）对接。这样可以让工业互联网项目的交付时间从 21 ~ 30 天缩短至 3 ~ 7 天，大大节省了企业运营成本。

衡量一个公司的战略能力，就是看他们如何做到"有所为有所不为"，即"战略上通晓产业大生态，战术上安心只做一件事"，而这"一件事"又是大生态中其他环节绕不开的，这样的"一件事"便是战略切入点（见图 2-2 ）。

图 2-2　通晓全行业，只做一件事

有些投资人喜欢给创业者"挖坑"：某方向也很赚钱啊，你们怎么不做那个？其实他就是在考验创业者的战略眼光和定力。那些一味迎合投资人的团队，都出局了。

2.3 任督二脉：产品服务化和服务产品化

很多企业都在纠结"在资源有限的情况下，到底应该做产品还是应该做服务"，其实这二者并不矛盾。

优秀的企业一定都做好了两件事情：产品服务化和服务产品化。这是一家企业必须打通的"任督二脉"，只有如此，才能从小做大，由弱到强，行稳致远。

所谓产品服务化，是指能够站在为客户服务的角度设计产品，并且把产品卖出去，把钱收回来，实现企业发展的"从 0 到 1"。

所谓服务产品化，是指能把服务标准化、规范化、系统化，将其打造成具体的产品，实现快速复制，实现企业发展的"从一到无穷大"，即从 1 到 N。

2.3.1 产品服务化

"站在为客户服务的角度设计产品"，至少包括了以下几个维度。

（1）要站在解决客户的痛点、瞄准客户的需求角度上设计产品，而不能只站在自己的角度、技术的角度上设计产品。

（2）产品能否给客户带来价值？是降低了客户的成本或风险，还是提升了客户的收益或效益？

（3）产品是否方便客户购买？是否方便工程的实施交付？

普通的公司只研究自己怎样卖；而卓越的公司先研究客户怎样买，把客户购买的顾虑和流程搞清楚之后，再来设计自己的销售模式。

能够站在客户需求的角度上设计产品的公司很多，但是能够站在客户购买的角度上设计销售的公司并不多，尤其是技术型企业。

催款往往是比销售更难的事情，有的公司让财务人员去市场一线"催款"，先让财务人员熟悉客户的购买和付款流程之后，再来设计公司的财务体系，用以支撑产品的销售，这是非常有道理的。

很多大客户都有自己信任的、合作多年的购买渠道、二次开发、系统集成和交付团队，也就是中间商。作为产品制造商，千万不要怕中间商赚差价，而应该怕没有中间商赚差价。

某公司的原创技术和产品很不错，但没有"市场边界"的概念，什么都想做，什么钱都想赚，从技术到产品、从销售到服务，恨不得"一竿子捅到底"。结果就是合作伙伴和潜在客户都离去，白白浪费了机会窗口。

"产品服务化"中的"产品"，指的不只是产品本身，也包括产品的销售、交付、回款和服务的全流程。要站在客户的角度上来完成全流程的设计，并要在实践中不断优化。

2.3.2 服务产品化

什么叫作服务产品化呢？

比较典型的例子是，海底捞把服务客户就餐的整个过程变成了标准化的产品，在各个门店中进行快速复制。海底捞的故事就不多阐述了，大家可以找到很多案例。

我们现在用的那些手机 App，本质上都是把服务产品化——点餐外卖服务、游戏娱乐服务、社交服务、影音视听服务，等等。这些本来需要消耗大量人力、物力和沟通精力的服务，凝结成具体的产品——App。

再比如华为公司，把"邀请客户参观公司或参加展会"这个服务，变成了标准化的产品：从客户乘飞机在机场落地开始，司机接机、公司参观、展厅讲解、工作午餐、文化交流、高层座谈……从头到尾都是标准化的、工程化的，严丝合缝。哪怕同时有好几批客户在公司参观，华为也可以让你感觉全公司都在为你们这一家客户服务。

华为的客户接待部门叫作客户工程部——用工程化的思维来做客户接待工作。所以华为一天可以接待很多批来自不同国家、不同行业、不同文化背景的客户，而且针对每位客户都能做到个性化服务。

其实早在客户准备行程时，客户吃饭有什么忌口、信仰上有什么禁忌、喜欢住什么样的房间、他的生日……这些信息就已经进入了公司的数据库，并且为参与接待的人员所知晓，在接待过程中不露痕迹地安排妥当。这和互联网公司通过大数据有针对性地对用户进行服务，其实有共通之处。

所谓"服务产品化"中的"服务"，指的是"整套的商业模式"。把商业模式凝结成具体的产品（比如 App、客户接待流程），其实就是商业模式的快速复制——这几乎是企业能够健康地快速扩大规模的关键窍门。

看一个公司是不是真的做好了企业的发展战略，就要看其有没有把产品服务化（产品开发要针对客户需求）；看一个公司的发展潜力和成长空间，就要看其有没有把服务产品化（把解决方案变成可交付的标准化产品，并且可以快速复制）。产品服务化与服务产品化形成双轮驱动，周而复始，互相促进（见图 2-3）。

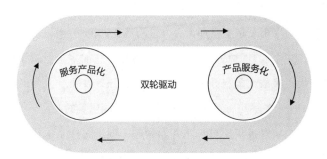

图 2-3 产品服务化与服务产品化形成双轮驱动

2.4 产品迭代：每一步都要赚钱

企业正确的产品迭代路径到底应该是怎样的？图 2-4 是我极为认可并多次推荐的产品迭代方法论。

图 2-4 产品迭代路径

某企业要做汽车，到底应该"专注于"做汽车，还是应该先从小的、容易做的产品开始做起，逐步迭代到做汽车？

前者的模式也不是完全走不通，只是需要付出极大的时间和经济成本。只有等到汽车发布上市那天，才能看到盈利的可能性——并非100%能赚到钱，甚至能做到持平就已经很不容易了。如果企业属于全球行业领导者，为了挑战人类科技和产品制造的极限，在资金充足的前提下做这样的尝试也未尝不可，甚至这也是消费者喜闻乐见的。

而后者，从滑板车、自行车开始做起，逐步将产品迭代到更加复杂和高端的"汽车"。这样做的好处是，每一步都能够实现产品化，能迅速从市场上赚到钱，从而可以将赚到的钱投入更高阶的产品研发中，在实现产品迭代的同时，也能实现现金流的滚动。这样的操作可以大大降低资金占用和中长期财务风险，非常适合创新创业型团队。

这样做还有一个好处，就是在生产和销售滑板车的过程中，也能够把企业的研发体系、供应链体系、销售和客服体系、HR体系、财务体系等逐步建立和打磨出来，让公司在实现产品升级的同时，也能实现企业管理的升级。此外，因为在企业发展过程中，产业可能会发生重大变化，所以进行产品迭代要紧盯技术和行业的最新动态。万一出现重大风险，可以马上喊停，不至于带来太大的损失，所以这种模式还有助于做好中长期风险控制。

创业者往往并不缺乏梦想和创意，比如我曾见过一个创业者，他想把一个城市的所有民生服务、政务服务、交通服务等统统整合到一个互联网平台上，只需要一张交通卡就可以走遍城市各处。我见到这个创意时微信还没做出来。为了实现自己的梦想，那个创业者去找过不同的政府部门，要与他们做"数据平台打通和连接"，结果却不遂人愿。

他当初所设想的这些功能，10年之后在微信和支付宝上基本实现了。而微信和支付宝产生的初衷，却不是为了城市综合服务，而是为了社交和电商。他们是在产品不断迭代的过程中，遇到了新冠肺炎疫情防控需要等因素，才把政务和城市服务做到了现在的水平。

这个世界上，拥有伟大的创意和想法的人很多，但能把这些创意一步步地落实，甚至可以先做不那么伟大的事情，慢慢积蓄实力，通过长期实践逐步逼近并实现自己的理想的人太少了。能不能把自己的伟大梦想变成一个个小的梦想分步实施，是检验一个人是否适合创新创业的关键。

马斯克无疑是极具创新思维的人，但是仔细研究他的产品——无论是特斯拉电动汽车，还是可回收火箭、星链、超级高铁……无一不是把已经成熟或基本成熟的技术通过再整合、再开发、再利用，甚至能用二手的就用二手的（盾构机），把成本压缩到极致，逐渐逼近移民火星的梦想，而且这些项目每一个都有不错的盈利或盈利预期。

没有任何一个伟大的产品、伟大的公司是突然出现的，都是一步步踏踏实实完善和发展而来的。产品规划不是"憋大招"，尤其是要做一个非常复杂而伟大的产品时，绝对不是在深山老林里面憋个 20 年，一问世就能改变世界的。

产品规划，一定要学会把一个复杂而伟大的产品"切割"成很多个小产品，而这些小产品在逐一面世之后不仅可以快速盈利，还能支撑那个更加伟大的梦想一步步得以实现。

再次强调：在产品迭代路径上，每前进一步都要追求盈利。

2.5 市场布局：做直销还是做渠道

前面我们讲了产品布局，下面我们来谈谈市场布局。这几乎是每一个老板、每一个市场操盘手都会面临的问题，甚至每年都会重新思考一下：到底是做直销，还是做渠道？

首先澄清一下，这里所说的直销，指的是厂家直接面向客户销售，"没有中间商赚差价"；这里的渠道，指的是通过找经销商、代理商、系统集成商等方式来推进市场（见图 2-5）。

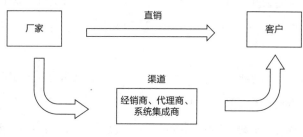

图 2-5 不同方式的市场布局

初创期的企业在产品做出来并开始拓展市场时容易犯两种错误：一种错误是什么都自己来，全力以赴做直销，生怕有中间商占便宜，或者对渠道提出不切实际的要求，让人敬而远之；另一种错误是一切都指望渠道伙伴，天天和各种"关系人"泡在一起，自己不去见客户，不去了解客户的需求，只想着靠各种"关系"带着自己"飞"。

这两种做法也不是一点儿用处都没有，因为这样往往能帮公司搞定市场的"第一单"。很多企业的初始市场都是来自各种"关系"的牵线搭桥——要么是企业自己的关系，要么是渠道伙伴的关系。

如果这一单能够帮企业打开一个封闭的高价值市场，每年做做服务、扩扩容也能养活公司，甚至发点儿小财，那当然是相当不错的。但是如果这第一单甚至头两单都难以产生持续性的高价值，不能保证公司的可持续发展，企业就需要不停地寻找新市场、新客户。那么应该怎样做市场拓展呢？

如果一直坚持"直销"，你会发现很多行业的商业壁垒非常高，你的进入会对现有的市场格局造成不小的冲击，几乎所有的利益相关方都会成为你的竞争对手。就算你的技术和产品更先进、成本更低，也很难获得太多机会，甚至还没开始就已经失败了。

如果你一直坚持"渠道"是因为你的第一单是靠渠道关系进去的，而你对于客户的需求到底是什么、产品使用情况到底什么样、客户有什么获利和反馈等都不甚了解，潜在的渠道合作伙伴就会对你们企业和产品的实力越来越没有信心。

反过来想，渠道合作伙伴在选择供方时是非常注意可靠性和安全性的，因为他们的关系也来之不易。如果你的产品不稳定、服务不到位，会让渠道合作伙伴前功尽弃，甚至失去自己原有的市场关系。

如果你是有品牌、有质量的"大厂"，可以比较强势地对合作伙伴提出各种要求，比如押金、压货、签销售承诺、签对赌协议等。但如果你只是一个刚刚起步的小企业，就别指望和渠道谈什么"长期合作"了，能把第一单签下，做好服务，让自己和渠道都能赚点钱，就已经非常不错了。

我见过一些刚刚起步的小厂，拿着不知哪里搞来的大厂的"渠道合作协议"模板就要渠道伙伴签字画押，如果对方不同意，就说"这个合作伙伴没有诚意，不能长期合作"，这真是让人哭笑不得。

其实直销和渠道，是一件事情的两面，二者并不冲突，甚至可以互相转化、互相促进，但是需要坚持几个基本的原则：躬身"破"局建样板，"先谈恋爱后结婚"，尊重规则、互相赋能、共同发展（见图2-6）。

图 2-6 渠道合作三原则

2.5.1 躬身"破"局建样板

所谓躬身"破"局建样板，是指无论有没有渠道合作伙伴，厂家一定要有自己销售破局的能力。甚至只有通过自己拿下几个项目，知道了市场规则和玩法，才可以在新市场中找渠道合作伙伴。

这样，你在与渠道伙伴谈合作时才能了解各种项目细节：怎样签单、怎样交付、怎样服务、怎样回款……自己首先自己要搞清楚所有的过程。

如果你连应用案例都没有，也没有交付经验，高价值的渠道伙伴是不会与你谈合作的，因为他们肯定不会拿自己的关系去"冒险"。

只有有了自己的"队伍"、有了自己的"根据地"（老客户和应用案例），你才有可能与其他的资源去谈合作。你的"队伍"实力越强、"根据地"越大，你能接触到的资源价值含量才会越高。

2.5.2 "先谈恋爱后结婚"

除非双方都有很好的品牌和实力，否则绝大多数合作的初期都是试探性的。不要指望别人从一开始就要与你"深度绑定"，他们也许压根儿就没把合作当回事。

越是高价值的合作伙伴，在合作的开始阶段就越小心、越不轻易承诺。

开始肯定是先签 1~2 个小单，把包括产品销售、交付安装、安全回款、运维和升级等在内的整个流程都走通，让甲方、乙方和渠道方都觉得放心，然后才会有更大的项目和更核心的业务的合作。

随着合作的深入，才可能会有排他性的渠道合作模式：你只能代理我的产品，我也指定你为该区域（或该行业）的唯一渠道合作伙伴，合作期限 ×× 年。

2.5.3 尊重规则、互相赋能、共同发展

首先，从合作关系上，既然厂家和渠道商已经结成了合作伙伴，那么就要坚决维护这个合作关系，出现任何诱惑都不要动摇。这个是一切合作的前提。

行业和市场一定会惩罚背叛者，没有人会和一个有背叛行为的企业合作。

其次，从合作方式上，刚开始的渠道合作可能只是一个"关系点"。随着项目的深入，这个"关系点"可能会逐步具备销售能力、交付能力、服务能力，甚至系统集成和二次开发能力。

这时，渠道销售伙伴逐渐升级为战略合作伙伴，甚至可以成立合资公司。厂家从刚开始的大包全揽逐渐"退居幕后"，将该行业和该地区的市场放心地交给合资公司。这样厂家也能腾出资源追求更大的市场和更宏远的目标。

最后，在互相赋能发展的过程中，也要非常注意灰度管理和风险控制。为了保证厂家大平台的安全，如果想让渠道伙伴承担更大的风险，则必然需要让他们能获得更大的利益。

厂家对于该管的事项，比如价格体系和定价权等，一定要管清楚。而对于不该管的事项，不该知道的事项，最好的方式就是不知道。

无论是采用直销模式还是渠道模式，关键点都是要保证项目的"三可控"，即销售可控、交付可控、回款可控。

如果你控不住，那就和能控得住的人做合作伙伴。谁能控住某一部分，谁就是那一部分的合作伙伴。

2.6 关键里程碑：产品可以销售了

"既然你们的产品这么好，现在可以卖吗？"

"当然可以！"

"那你给我发个产品说明书和报价清单吧。"

"哦，好的，您需要多少？"

"我们先试用 5 套，合适的话每个月需要 80～100 套。"

"好的，我今天下班前把产品说明书和报价清单发给您。"

上面这组对话，对于销售员来说是家常便饭，他们可能认为公司的产品卖得好，完全是因为自己销售水平高。

而很多做技术出身的 CEO 则可能认为："只要我的产品做得足够好，难道还愁卖？随便谁做销售员都能卖得好。"

对于公司来说，"做可以销售的产品"好像是天经地义的事情，实际上却有着不低的门槛。能够让上述对话进行下去的公司，已经是做得相当不错了。

我见过太多看起来"很厉害"的公司，看背景很强大，但一被问到"产品可以销售吗"就顾左右而言他，内心各种纠结：既怕对方是来刺探情报的，又怕对方真的是客户。

有的人会说："产品说明书和报价清单能随便发吗？万一是竞争对手刺探情报的怎么办？"

公司的产品说明书和报价清单至少应该分两种。一种就是用来到处分发的，就算竞争对手拿去也不怕，甚至会给对手以误导；另一种是给真正的客户看的，聊到一定程度才会给。

所以，"做能够销售的产品"听起来容易，却是一个非常严谨的系统工程，需要有很多的布局和准备工作。

产品不成熟固然不能推向市场，但也不能等所有事情都准备好了再推向市场，那样恐怕就会丧失机会了。

那么，什么时候把产品推向市场"刚刚好"呢？以下是五个基本条件（见图 2-7）。

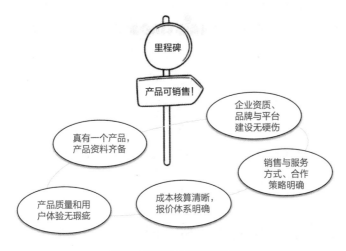

图 2-7　产品推向市场的最佳时机

2.6.1　真有一个产品，产品资料齐备

你的产品可以是硬件、软件或服务（比如生产、加工、物流、金融、贸易、渠道、顾问咨询等），但绝对不能是一个梦想、一个理念、一种技术、一项专利，或者一套 PPT（技术或专利在变成产品之前，价值较低，只靠专利是很难融资和贷款的）。

产品资料就像产品的"信任背书"。产品资料最好是制作精美的彩页，而不仅仅是 PPT。因为现在把其他公司 PPT 改一改就变成自己的解决方案的事情太多了，而制作精美的彩页，毕竟门槛要高许多。

"推广潜规则"：只有给客户递交了彩页，客户才会听你讲 PPT。

2.6.2 产品质量和用户体验无瑕疵

我们把一个产品销售出去，是要结交一个朋友，而不是增加一个仇人。评估产品的质量和用户体验好坏的标准就是复购率：有没有用户多次购买你的产品。

有些公司通过"烧钱"的手段在短期内积累了大量用户，可一旦停止补贴，用户的增量和复购率就会惨跌。所以就算站在投资的角度上来说，复购率太低的产品也是不值得投资的。

没有谁的产品一开始就是完美的，但是不能有明显的瑕疵，而且要能够快速迭代更新。

2.6.3 成本核算清晰，报价体系明确

销售高手都知道，报价时一定要清晰、明白、温和且自信，千万不可支支吾吾不好意思或漫天要价（不敢报价或胡乱报价，是很多"技术专家"的通病）。要做到清晰的报价，必须要有以下准备。

（1）对行业内的报价很清楚。非常清楚业内友商的报价和行业价格。针对具体项目，报高价有底气，报低价有理由。

（2）对用户的预算很清楚。大概了解用户之前采购相同或相似产品的报价，或者了解用户对本次项目的预算；了解用户的结算方式、结算时间；了解用户真正的痛点。

（3）对自己的成本构成很清楚。对自己产品的开发成本、生产制造成本、后期维护成本、营销成本、融资成本以及公司运营成本等有清楚

的了解。

（4）对供应链的把控很清楚。自己的产品有多少零部件？每个零部件有几个供应商、有几个核心供应商？当采购量非常小或非常大的时候，供应商是否愿意接单？报价如何？怎样结算？

（5）对资金运作很清楚。钱从哪里来？利息是多少？利息能否降低？钱到哪里去？能不能不花？能不能少花？能不能晚点儿花？

……

越"会抠"的老板，才越是好老板。

（看清楚了，不是"抠"，是"会抠"，不该抠的地方千万别抠。）

当老板或销售员和客户讨价还价的时候，当他们拍胸脯做出各种承诺的时候，当他们轻描淡写地谈定一个大单的时候，其背后都是经过精打细算的。

2.6.4　销售与服务方式、合作策略明确

你是想自己做直销还是做渠道分销？分销是按行业划分还是按区域划分？如何授权？如何制定合理的激励机制和渠道分润机制？自己做集成或被集成，如何分润？是自己做工程服务，还是外包工程服务……

营销策略的任何一次变化，都可能引起整个格局的大变化，企业的规章制度和人员工作可能都要进行调整。

2.6.5　企业资质、品牌与平台建设无硬伤

企业的资质如何？比如国家高新技术企业、双软认证、ISO 9000 认证、系统集成资质、行业资质（特殊行业准入证等）等都是在市场上能"溢价"的底气，在投标时至少也是加分项。

产品的专利权、各种行业入网证、前期验收报告、用户使用证明、感谢信等，在每一个工程中都要进行积累和收集，越多越好。

企业参加行业展会、论坛的信息发布，在互联网上的宣传等营销活动。

很多企业在电视或电台、网络上疯狂做广告，一方面是给潜在用户看的；另一方面也是给经销商、合作伙伴和自己的员工看的——"瞧，咱们还处于上升期！"所以说，企业平台越强大，销售团队的忠诚度越高。

贰

实战技巧篇

第 三 章

市场需求的调研、分析与决策

公司在做市场战略规划时往往需要做行业分析和机会点评估；而当公司已经掘到第一桶金或拿到一笔投资，准备从成熟市场向陌生市场突破时，更需要做行业分析和市场机会点分析。

因为这个时候公司面临的情况不是机会太少了，而是机会太多了，似乎遍地都是机会，但这也是最危险的。

有的公司请了专业咨询团队（外脑），花了大量时间和金钱做全方位的调研，并输出了非常精美的调研报告。但细看下来，也只是把大家都知道的事情用更漂亮的展示方式告诉大家而已，对决策的帮助并不大。

那么到底怎样才能快速找到行业机会点，输出真正有助于决策的调研报告呢？

3.1 调研行业宏观情况的五大信息源

首先要保证大方向上的正确性，因为要确保"做正确的事"，然后才是"把事做正确"。了解宏观大方向的渠道很多（见图 3-1），但要注意做相互验证。

- **关注重大会议重要讲话**。关注每年的各种重大会议、重要讲话中的新词、热词，比如，这几年的"智能制造""专精特新""灵活用工""碳中和、碳达峰""东数西算""自主可控"等，这些都是可以重点投入的大方向。

- **关注统计部门权威数据**。国家统计局的网站上，几乎有各行各业的最新数据。每个区域的每个行业的数据，或者每个行业在每个区域的数据都有。国家对每个地方的定位和总体规划是不同的，越是战略性的产业，产业的集中度越高，而且人才密集、技术密集、资本密集。

- **关注行业调查报告**。现在有些专业做宏观经济分析和行业分析的公司，能找到和汇总一些高含金量的信息，而且有很专业的分析工具和方法。这些公司会定期向政府、研究院或大公司输出一些高质量的行业发展报告。为这样的高质量信息花点钱是很值得的。

- **关注龙头企业的经营财报**。看一个行业近几年的发展情况，还有一个很好的方法，就是看这个行业龙头企业（往往是上市公司）的经营财报。比如看这个行业 5 家龙头企业的经营规模、年收入、利润和利润率、公司估值、专利、企业资质、发展前景预测等，能查到的有用信息非常多。你还可以去招聘网站上看这几家龙头企业的招聘情况。比如它们要招多少人？对人才的要求是什么？硕士或博士比例有多少？待遇怎么样？很快就能分析出这个行业的发展前景如何。

- **其他数据来源**。包括但不限于日常交流、朋友圈、各种社交媒体等。

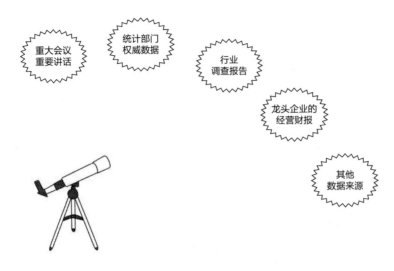

图 3-1　行业宏观分析数据来源

3.2 通过多维度市场细分找机会点

在分析各个行业宏观情况时，你会发现数据体量都很大，动辄千亿元甚至万亿元。你感到自己公司发展的实际情况，似乎和那些天上飞的大数字挨不着边，于是质疑"这市场策划报告到底有没有用？"

有的公司年产值刚达到 7000 万元，市场策划报告里却说"行业机会有 8600 亿元"，真是让人哭笑不得。

怎样让那些天上飞的数字与公司的发展发生联系呢？那就要进行行业业务细分分析。

比如"智慧城市"，这是一个近 10 万亿元的市场，但这近 10 万亿元的市场真的与每家公司都有关吗？显然不是。做这个行业的公司很多，每个公司都要找到适合自己攀爬的"阶梯市场容量"，而每一级阶梯过大或过小都不好。

所谓阶梯市场容量，是指刚好适合公司现阶段体量和规模的市场总容量，既不能过大，也不能过小。

如果你是一家年产值 5000 万元的公司，你就要寻找市场容量为 5 亿 ~ 10 亿元的行业作为阶梯，这样才能帮你从 5000 万元发展到 1 亿元；而如果你是一家年产值 10 亿元级别的公司，你就要寻找市场容量为 50 亿 ~ 100 亿元的行业作为阶梯，这样才能帮你从 10 亿元成长到 20 亿元。

把行业继续细分有很多维度，每个能接触到的维度都需要进行业务细分分析，直到细分到与自己公司体量相当的"阶梯容量"。

- **从行业细分**。例如总体量为 10 万亿元级别的智慧城市行业，细分下来包括智慧交通、智慧环境、智慧水务、智慧公安、智慧医疗、智慧园区等与城市治理、生产、生活息息相关的多个次级行业，这些次级行业的体量在百亿元到千亿元级别。

- **从产品细分**。一个智慧城市或智慧园区的方案，从底层到高层包括数据接入层、网络传送层、数据处理层、业务应用层、战略管理层，等等。这需要用到大数据、云计算 / 边缘计算、人工智能、5G 等技术，几乎没有任何一家公司可以从头做到尾，所以上述细分行业里又分为做硬件的、做软件的、做平台的。

- **从模式细分**。从公司的模式上讲，又可以分为技术开发、产品生产、系统集成、工程安装、维护保障、咨询顾问等多种商业模式，每种模式都有行业标杆或细分领域的佼佼者。而且很多公司往往同时具备上述 2 种及以上的服务能力。

- **从区域细分**。比如公司总部所在地或资源所在地是在外地、外省还是在国外，在熟悉的环境中还是在陌生的环境中，市场的体量和运作模式肯定不一样；又如在一线发达城市、新一线城市、三四线城市、新农村……在这些不同的区域中，市场体量和环境也很不一样；
公司处在初创期、快速发展期或成熟期，在不同区域的服务模式也
会有所差别。

- **其他维度的细分**。

至少要经过这样多维度的市场细分（见图 3-2）分析，就像切蛋糕一
样，横切几刀、竖切几刀，再从上到下切几刀，直到切分成我们一口能
吃下的一块块的小蛋糕，然后再来策划吃哪块蛋糕、怎样吃蛋糕。

✓ 从行业细分
✓ 从产品细分
✓ 从模式细分
✓ 从区域细分
✓ 其他维度的细分

图 3-2　多维度的市场细分

3.3 需求来自欲望，而刚需来自恐惧

客户的需求是"我想要……"，但客户的刚需不是"我想要……"，
而是"我怕……"。

调研客户的刚需，其实就是调研"客户怕什么"。

以帮助客户消除"恐惧"来做营销的经典案例，就是当年王老吉的
七字真言："怕上火，喝王老吉。"

本来王老吉只是一种在广东等南方省份流行的凉茶品牌，因为当地
气候炎热，人们喜欢喝凉茶下火。那么怎么让这种仅在南方流行的凉茶

卖到全国呢？

想想看，不仅天气炎热会上火，吃火锅、吃烧烤也会上火，甚至冬天的暖气太足也会上火。但是真正上火的人毕竟是少数，而怕上火的人却到处都是。"怕上火，喝王老吉"，七个字让许多人都喝起了王老吉——无论春夏秋冬、大江南北，尤其是在吃火锅、吃烧烤的时候。

如果是做 to B 或 to G 的大客户营销，哪些才是大客户"怕"的东西呢？比较常见的有：和安全事故相关的（一票否决权）、和客户年度目标相关的（客户也背 KPI 的）、和环保、碳排放相关的（越来越重要了）。

某公司推广工业互联网行业中的数据采集方案，简而言之就是对工厂设备的运行数据实现联网监控。他们调研了各个行业，最后发现"工业锅炉物联网"是一个突破口。

- 有动力系统、热力系统、自带发电系统的工厂，往往就有工业锅炉，这个行业的用户量足够大；
- 有锅炉的地方就有运行风险，一旦发生安全生产事故，不仅工厂老板要承担重大损失甚至法律责任，当地主管安全生产的部门也会被处分——无论是工厂老板还是当地政府都"怕出事"；
- 锅炉的运行必然有碳排放，如果排放不达标，工厂也会受罚。

基于上述原因，工业锅炉的运行数据和运行安全关系到一些人的核心诉求和"恐惧"，所以"锅炉物联网"存在刚需。现在很多地方都是要求工业锅炉必须联网，数据统统上传到指定部门，而且此类项目还有升级改造的利好政策。

所以，刚需永远都存在，因为这个世界上很少有什么都不怕的人。

你们公司的市场调研，能说清楚客户怕什么吗？

3.4 客户为何不愿采用"高效"办公系统

做在线办公系统（OA）的 Z 公司，前些年给某企业部署了一套在线办公系统试用，员工可以通过互联网提交出差、报销、会务安排等需要领导签字的日常工作事务，这样就不用跑来跑去找领导签字了。理论上来说，这套在线办公系统会为工作提供很大便利。过了一段时间，Z 公司去该企业做客户回访，却吃惊地发现这套系统几乎闲置。

是系统功能不好吗？不是，功能完全能满足他们的办公需求；是系统效率不高吗？也不是，系统大大提升了他们的办事效率。

后来他们了解到，用户的有些"底层需求"是他们之前没有想到的。

原来，那家企业的高管都习惯了传统的办公模式，他们对计算机和互联网有距离感，突然改成无纸化办公，他们非常不适应。而且因为很多中基层管理者和办事员经常出差，东奔西走很辛苦，平时难得有机会和高管沟通，而在当面审批各种纸质单据时，高管可以通过和他们聊天了解很多工作的细节。

所以，当面审批其实是上下级沟通工作和感情的机会。虽然在线审批提高了办事效率，却让各个层级之间的关系变得疏远了，反而可能不利于工作的开展。

现在，随着互联网，尤其是移动互联网越来越发达，企业管理层也逐渐年轻化、专业化，大家都已经很适应通过微信、QQ 等方式聊天和沟通工作，也适应了通过各种 App 或在线平台来完成从日常购物到在线会议的各类事务。

所以现在很多做移动办公系统的团队宣传说"只要您会用微信，就会用我们的移动办公系统"。

其实，客户并非有意让办事效率降低。比如上述案例中，企业部署一套新系统，除了产品和技术上的工作，更要投入时间和精力培养使用者的在线办公习惯，这个成本可一点儿都不低，也就是说，综合考虑大环境和使用者的背景，当时线下办公效率可能更高。

所以，只有时代的产品，没有产品的时代！在分析客户需求时，一定要搞清楚他们不便明说的"底层需求"。

3.5 学会对客户和友商做"尽职调查"

当你找到潜在客户之后，一定要深入了解其实际情况，至少要去关注其高层最新的讲话（客户网站上都有）和工作思路，然后把自己的产品和方案进行相关调整。

一家年产值 5000 万元，做智慧消防的 Y 厂家，其主要产品是烟感报警器，该产品具有远程控制功能，和主流云平台也对接成功。

Y 厂家的目标就是那些对烟感报警器有需求的客户，但很可能他们要打交道的对象不是最终用户，而是那些系统集成商（工程总包方）。系统集成商去参加最终用户的招标，做项目做总集成，Y 厂家给他们供货。

随着现在工程项目的集成化、系统化程度越来越高，中小企业与总包方和总集成方打交道的机会可能要逐渐超过与最终用户打交道了。

那些做云平台的公司、做通信网络的公司、做其他应用平台或系统平台的公司，都可能成为 Y 厂家的合作伙伴。而 Y 厂家的主要竞争对手，应该是体量与自己差不多的其他烟感系统制造公司。

有些做互联网或做软件的公司，如果想聚焦到消防业务，可能会是 Y 厂家的潜在合作伙伴，也可能会是 Y 厂家的潜在竞争对手。一切皆有可能。

大家可以学习一些投资人做行业尽调和企业尽调的方法，用两周时间基本了解一个行业或一家企业是完全有可能的。

3.6 市场分析应该是动态的，而非静态的

很多市场分析报告之所以看起来漂亮，实际上没什么用，是因为它们只是搜集了这个行业的基本信息，列举了有哪些合作伙伴或竞争对手，却没有讲清楚这些公司在哪些情况下是合作伙伴，在哪些情况下是竞争对手。这些报告只是静态的展示，不是动态的分析。

市场是瞬息万变的，分析市场一定要有动态的思维，千万不能僵化。市场上的每个角色都是有诉求的，也是有"恐惧"的，而且其诉求和"恐惧"也是时刻变化的。

并不是你把世界杯决赛圈每支足球队的球员总身价做个排行榜，就能判断哪支球队一定能夺冠。足球场上那么多种阵型，442、352、4321、4231 等，也不是说哪种阵型就一定对另一种有绝对优势。

球员身价是重要的参考，而排兵布阵也很重要。高手之间的对决，更重要的是临场指挥调度，千万不能呆板。那些顶级球队往往可以根据场上的形势变化，在一场比赛中调整好几次阵型和打法，从而获得比赛的胜利。

在公司新进入市场时，谁会是对手？谁会是合作伙伴？

在公司做到一定规模有影响力时，谁是对手？谁是合作伙伴？

在公司做到业界顶端时，谁又是对手？谁又是合作伙伴？他们为什么是对手？为什么是合作伙伴？你了解他们每个人的心中所想、心中所念和心中所怕吗？

前些年某公司要进入物流信息化行业，切入点是零担物流。这是一个行业生态比较丰富而繁杂的行业，涉及物流公司，车主、司机，物流产业园，运营商，金融机构、保险公司，发货方，收货方等（见图 3-3）。各方都有自己的诉求和"恐惧"。

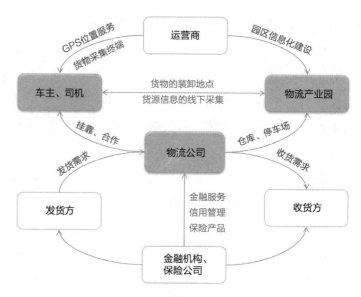

图 3-3 零担物流行业生态圈

作为一家提供物流信息化平台的公司，就要清楚各方的诉求和"恐惧"，并且要通过分析他们的诉求和"恐惧"来提供解决方案。

比如，很多物流公司是夫妻店，一年的交易流水数千万元到上亿元，但是他们没有本地房产，很难获得银行贷款，抗风险能力很弱，也很难将公司做大。对于这类物流公司，能否凭流水和个人信用为他们提供小额贷款呢？

很多货车的车主和司机不是同一个人，而每年的加油费、保险费、过路过桥费都不少，能不能监控？能不能找物流公司挂靠打折？这就需要对接物流公司、司机、车主、石油石化公司，以及保险公司等。

这批货是哪个车在送？车牌号多少？车开到哪里了？司机是谁？司机的联系方式？——要想随时了解这些信息，就得安装定位模块。

物流产业园往往建在远离市中心的地方，就像一个"独立王国"，司机会在里面休息、吃饭……能不能办个园区消费卡？每次来园区食宿都能享受打折服务？甚至可以将几个城市周边的物流园区数据打通，做成通用卡？

很多物流信息都是发布在物流产业园的小黑板上，经常是有司机、有货车，却错过了物流的需求。一个从广州到武汉的 20 吨载荷的货车，现在只装了 12 吨的货物，还可以搭载 8 吨的货物，这样的"拼车"需求很常见，能不能用 App 或小程序实现自动拼车？

还有很多大专院校物流专业的学生需要实习，能不能为他们安排相应的岗位？

一个行业就像是一个生态系统，其中的每个角色都有相应的生存方式，而且这个生态系统一定是活的，变化的，而不是静止的。我们在做市场和行业分析时，绝不能"截取某个片段来分析"，一定要以变化的思维、动态的思维来分析。

你们公司的市场分析，是静态的还是动态的？

3.7 验证商业模式：0-10-1-N

刘润老师曾经提到过一个很重要的观点：验证商业模式，需要先从 0 到 10，再从 10 到 1，最后再从 1 到 N。而不能直接从 0 到 1，然后从 1 到 N。这真是让人醍醐灌顶的经验之谈。

你或许会遇到以下几种常见的情况。

（1）你开了一家奶茶店，运营得还不错，于是你就想快速复制，做成连锁经营。结果一复制，完蛋了，和之前预想的完全不一样。不仅没赚到钱，还把之前赚到的钱都赔了进去，难道做生意不该复制成功模式吗？

（2）你是一家做系统集成的企业，在本省做得风生水起，很多外省的大公司想在本省落地也得找你。于是你想把项目做到外省去——结果你发现，你这个在本省顺风顺水的模式，在外省却玩不转。

（3）你经过自己多年辛辛苦苦的积累，手上终于有了500万元资金，这个资金量不大不小，应该做什么样的项目呢？具体而言，是把这500万元全投入一个项目（开一家大店），还是分散投资（开几家小店）以规避风险？

面临以上几种情况，其实就是要搞清楚：什么样的商业模式值得复制？什么样的商业模式可以复制？

我经常提醒很多老板，最危险的时候，不是没钱的时候，而是刚刚（凭运气或者关系）赚到点钱，但是钱又不太多的时候。这个时候最容易迷失自己。

你要明白，现在经营得好，只能说明现在经营得好，或者说运气还不错，跟这个商业模式能不能复制完全是两码事。反之，有时候哪怕你经营得不好，也不代表就不能复制，因为你手上可参照的样本太少了。

聪明的创业者，需要用可控的代价和风险快速从0做到10，然后从10个样本中汲取通盘有效的经验，规避广泛存在的风险，把这个经验和风控模型凝聚成"1"，再把1快速复制到N（见图3-4）。

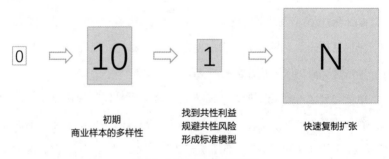

图3-4　0-10-1-N商业模式测试

如果你是做大学生生活类项目的，那就要选取不同类别的高校进行商业模式测试：比如学生数量大、居住分散的；学生数量小、居住集中的；学校离市中心很近的；学校离市区较远的……先运营半年再说，收集真实数据并从中找到规律。

如果同类情况数据都比较好，就继续扩大规模，并且在选择新的校区时重点关注这几种；如果同类情况数据都不行，就赶快撤退，并且在选择新的校区时尽量避开这类情况。

如果你手头有 500 万元用来创业，除非是极好的机会，才值得你一次性投入；如果你是想自己摸索商业模式，那就要学会"切香肠"，把项目切成一段段的，来规避风险。

如果你想用 500 万元开店，可以选择在商业中心、居民生活老城区、居民生活新区……每个地方投 50 万～80 万元，先开 5 家店，初期的总投入不超过 350 万元。如果钱不够，你可以在每个店都采用合伙人机制，你投一部分，合伙人投一部分。

总之，要让你的样本空间足够大，能够获得至少半年的真实运营数据，再来分析这个商业模式是否值得做大。如果结论是可以做大，那么你手头的资金也能够支撑继续发展；如果结论是不能做大，那么就马上喊停，而你手头的剩余资金也不会让你马上饿肚子。

为安全起见，手头启动资金和将来可复制的单体店的规模，大概是 8～10 倍的关系（资本杠杆的玩法除外）。

比如，你手头有 500 万元启动资金，那么你可复制的单体店规模应该是 50 万～60 万元；而如果你手头有 5000 万元启动资金，那么你可复制的单体店规模可以是 500 万～600 万元。

总之，如果一开始创业就想到要扩张发展，就必须快速从 0 做到 10，甚至 20、30，把样本空间做得足够大，以此来权衡得失。

店面不大，投入不高，但是扩张极快，这不就是某些地方小吃在全国各地迅速扩张的模式吗？

再次强调，所谓"从 0 到 1"，不是指你从 0 家店到开 1 家店的数量增加。而是你要多开几家店，然后归纳其中普遍性的利害得失，最终凝结出一套可复制的"打法"，那个才是"1"，然后再把这个"1"复制成"N"。

如果你只开过一家店，你若问能不能复制？没人会知道……

3.8 高效开会：市场机会分析与决策

完成了市场信息和项目信息收集，也探索了一下商业模式，现在就需要召开市场项目分析和决策会议了。

召开市场项目分析与决策会议的重要目的，就是用科学的方法和流程来审视那些收集来的"好项目"，剔除危险项目，聚焦关键项目，制定团队总体目标，并进行合理的分解。

开会三要素：每次开会必有行动决策；每条行动决策必有任务分配；每个任务分配单元必有反馈时间和责任人。

每次会议结束，必须要有会议纪要（见表 3-1）。

表 3-1　项目会议纪要

项目名称	×××项目第 × 次会议		
召集人		参会人	
地点		会议时间	
会议目的			
交流议程	议程 1： 议程 2： 议程 3：		
会议结论	是否达到会议目的： 议程 1 结论： 议程 2 结论： 议程 3 结论：		

（续表）

项目名称	××× 项目第 × 次会议		
下一步工作安排	工作 1：	负责人：	完成 / 汇报时间：
	工作 2：	负责人：	完成 / 汇报时间：
	工作 3：	负责人：	完成 / 汇报时间：
本表制作人		审核人	

3.8.1 团队沟通有原则：SMART 原则

刚才我们提到了"开会三要素"，展开来看就是大名鼎鼎的"SMART 原则"。我们认为，绩效管理当中的"SMART 原则"应该成为职业人做事情的基本准则，甚至应该成为其思维基因中的东西。

所有和工作或项目有关的沟通，无论是正式沟通还是非正式沟通，务必参考 SMART 原则，这样的沟通效率最高。

制定绩效指标的 SMART 原则，是五个英文单词的首字母组合，即绩效指标必须是具体的（specific）；必须是可以衡量的（measurable）；必须是可以达到的（attainable）；必须与其他目标具有一定的相关性（relevant）；必须具有明确的截止期限（time-bound）。

这套原则其实很容易理解，我们用战场的例子来分析一下，指挥官在战场上所下达的每一条指令都必须符合 SMART 原则，否则就一定会吃败仗，甚至全军覆没。

比如指挥官下令："明天凌晨 5 点全军发起总攻，必须在 8 点前拿下 5 号高地，否则军法从事。""为了掩护大部队转移，A 团必须死守 ×× 阵地，直到明天晚上 6 点才能撤出，阵地在人在。"

下达这些命令之前，指挥官必须做细致的战场调查——敌我双方的态势和战斗力评估，己方目标、人员安排和资源投入是否合理，如果出现异常情况是否有备选方案，等等。这些准备工作关系成败存亡，来不得半点儿马虎。

制定目标也来不得半点儿马虎。

在公司的项目运作中，尤其是在开项目分析会和统一认识、确认工作目标的时候，也必须如此，例如各部门的目标设定如下。

某销售部第二季度目标

销售：季度签单销售额 500 万元，其中新产品签单销售额不少于 100 万元；

利润：整体毛利不低于 200 万元；

回款：前期项目回款不低于 400 万元；

奖惩：完成了就有季度奖，完不成则没有。

某产品解决方案部第二季度目标

方案输出：输出电力、水务、石油化工行业的解决方案；

样板点建设：打造至少 2 个样板点，可以邀请客户参观；

展会营销：参加北京行业展、上海设备展；

内训工作：完成对销售部门和本部门新同事的 2 次新产品培训。

团队管理中的正式谈话、工作目标制定、绩效管理，乃至项目碰头会、周例会，所有这些常见的沟通，都务必遵循 SMART 原则，这样的沟通效率最高、效果最好。

3.8.2 统一认知一张表：市场项目评估表

公司什么时候最危险？是各种"资源"和"好项目"满天飞的时候。除非公司参与过项目早期的拓展和需求挖掘，否则那些突然从天而降的"好项目",十有八九是去填"坑"的。

真实的市场中,多少企业和老板被所谓的"好项目"拖死了。而如果他们守住本心,本来是可以经营下去的。

新春伊始,某公司召开年度市场分析会,把收集到的各方面市场信息和项目信息进行了汇总,能看到的项目总额有近8亿元,而董事会要求的销售目标是6亿元,会议现场大家都很激动。

此时,公司负责市场工作的张副总依旧保持了"众人冷静我冲动,众人冲动我冷静"的一贯作风。他默默地拿出一张"市场项目评估表",让大家用"经典五问"审视手头的"项目机会点",并且要打分评估(见表3-2)。

表3-2　市场项目评估表

经典五问	项目实际情况	填写说明	本项评估分值	本项得分
最终用户是谁		必须是最终的使用方,比如,某个园区的物业管理部门,某个工厂的仓库管理部门等; 一定要落实到最终使用者或该部门主管的名字,联系方式,能够见面聊; 最终用户至少对项目方案有建议权	20	
招标方或项目运作主体是谁		招标主体或项目运作的主体(主管或法人)是谁,比如××园区资产管理有限公司,××制造工厂,等等; 一定要落实到运作这个项目的主管名字(参考该企业副总级别),联系方式,能否面聊,预计何时启动招标	20	
需求和决策链分析		甲方做这个项目的初衷是什么(降低成本?提升产能?完成相关任务?讲一个资本故事?新官上任三把火?资本游戏?); 技术方案的决策者:姓名、职务; 财务或预算方案的决策者:姓名、职务; 高层最终拍板者:姓名、职务; 谁有建议权,谁有否决权? 他们各自的偏好(是看重技术的先进性还是投资成本最低,性价比,等等); 是否有来自上级主管单位或第三方的不可抗拒的影响	20	

（续表）

经典五问	项目实际情况	填写说明	本项评估分值	本项得分
竞争分析		业内的主要竞争对手是谁？ 已经和甲方接触过的竞争对手有哪几个？ 他们有没有报方案，报预算，能否拿到他们的方案和预算	20	
财务分析		这个项目出资方是谁（企业自有资金？政府补贴多少？会不会有第三方融资、财政部门专项拨款？） 现在有没有预算？ 如果有预算，那么预算是多少，是谁做的预算（可能是甲方＋友商）； 如果还没有预算，那么是谁来做这个预算，我们能不能参与做预算？ 甲方的资金划拨是否到位，何时到位，谁负责付款	20	
总分				

以上 5 个问题，每个问题 20 分，满分 100 分。回答得越具体，本项得分越高。最终汇出总分并按总分分类。

A 类：85～100 分，预测成功概率 90%；

B 类：70～85 分，预测成功概率 70%；

C 类：50～70 分，预测成功概率 50%；

D 类：30～50 分，预测成功概率 30%；

E 类：0～30 分，预测成功概率 10%。

这样一来，每个项目都有了得分和归类。

3.8.3 市场聚焦一把刀：从看项目到砍项目

经过上面的处理，大家此时发现自己手上的项目完全不像之前看起来的那么光鲜亮丽了，甚至充满了风险。而公司今年的销售额预测也就出来了：

销售额 =A 类金额 ×90%+B 类金额 ×70%+C 类金额 ×50%+D 类金额 ×30%+E 类金额 ×10%

（各公司可根据情况调整具体比例。）

经过计算，今年的市场销售预测只有 4 亿元左右，现场气氛一下凝重起来，因为离董事会要求的目标还差 2 亿元。

但这样一来，今年的市场工作安排也清楚了：让 A 类和 B 类项目早点签单回款，而且要关注 A 类、加大投入 B 类；让 C 类项目运作升级成 B 类项目，同时给竞争对手设置门槛；对于 D 类和 E 类项目，如果对手占优就让项目变得复杂，甚至往后延期；如果势均力敌就关注客户和对手的动态，伺机而动。

此外，还要持续关注有没有新的项目冒出来。因为现在评估的销售总额离目标还差 2 亿元，按照 1∶4 的平均转化率，至少还得另外找到 8 亿元的项目机会，大家顿时觉得挑战巨大。

项目分析会需要对项目做减法，有些公司的高层很怕开项目分析会，因为他们似乎很享受"项目机会很多"的虚幻感觉，他们很怕那个幻想的大泡泡那么快就破灭了，而且是当着这么多下属的面破灭的。

而那些真正的项目运作高手，敢于决策、敢于负责，他们经历的各种项目多了，对任何"好项目"都不会抱有特别大的憧憬，也不会轻易否决某个"坏项目"而是先干起来再说。

3.8.4 过程监管不放松：目标分解，反馈及时

任务分解包括好几个维度：时间上，把年度目标分解到各个季度、把季度目标分解到每个月；空间上，把区域目标分解到每个地区、每个城镇；组织上，把公司目标分解到每个团队，把团队目标分解到每个人。

最重要的是要有定期反馈。

上文中项目评估表的内容不能是"死"的，而应该"随人随事"实时更新，一般每周都应该更新（如果项目无变化，就写"本周无变化"）。最终目的就是要尽快明确项目信息：要么做，要么不做，模糊的时间越短越好。

如果明确了不做，或者3个月内不做，那么团队就不用在这样的项目上面再花精力了，最多安排人持续跟进即可。

如果确定了要做某个项目，就要马上成立项目组，明确项目组长和分工，安排任务（见表3-3），每周定时定点沟通项目进展情况，确定每个人的工作完成度。

表3-3　项目组分工与任命

×× 石化园区信息化项目项目组任命		
项目组成员	姓名	工作内容
顾问和高层支持	张董事长	客户高层关系
	李副总经理（CFO）	×× 银行和 ×× 金融机构的资金渠道维护
项目组长	宋 ××	销售与回款第一责任人
售前技术支持	王博士	售前技术交流 标书技术参数引导 客户技术层关系维护
售后技术支持	赵总工	交付环境评估 售后维护组长
采购与供应链	孙经理	供应商管理 确保采购的质量和交付周期
财务负责人	胡经理	确保我司和供应商、客户，以及银行之间的财务结算

3.9 解决方案销售过程，闭环为王

通过前面的介绍，很多公司已经能够总结出解决方案销售的过程（见图3-5）。

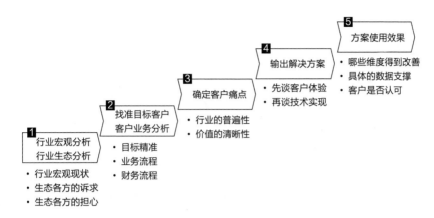

图 3-5 解决方案一般销售过程

如果能把这五步做好，那也是一个不错的公司，至少能生存下去。
而真正卓越的公司，还能做到第六步——闭环（见图 3-6）。

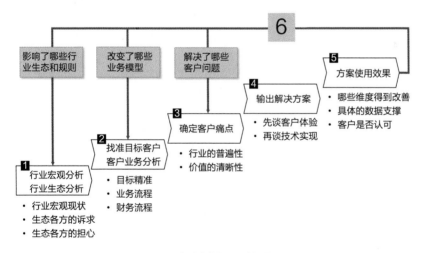

图 3-6 解决方案的闭环销售过程

很多公司完成了前五步就沾沾自喜，而恰恰是这关键的第六步，直
接拉开了人和人、团队和团队、企业和企业之间的距离。因为真正卓越
的公司不只是提供一个方案解决客户的问题，还会不停地迭代和优化业

务模型，改变和升级行业生态。也只有先做到这样，才有可能去"改变世界"。

其实，任何一个公司的解决方案付诸实施，都会或多或少地改变业态和行业规则，哪怕这个方案只是简单的"复制—粘贴"。卓越的公司、卓越的人，往往就会在这些看似简单的"复制—粘贴"中找到不一样的机会。

复盘和闭环，是解决方案销售工作必不可少的环节。只有能先影响生态，将来才有可能主导生态，让企业逐步从参与者变成强势玩家。

所以，项目成功交付，过了半年、1 年、2 年之后，千万不要忘记复盘和闭环。

如果你们不做，竞争对手会"帮"你们做！

第 四 章

大客户技术营销实战

4.1 项目成功的九大指标

所有的公司都想做成功的项目，所有的人也都渴望成功。我们毫不怀疑他们对成功的渴望，但很多公司是真的不知道什么才是"成功的项目"，他们要么项目成功率太低，要么成功得很艰难，而且很难积小胜为大胜，总是在低层次的圈子里面打转。

到底什么才叫作"成功"呢？首先我们要清楚，面向企业大客户（to B）的销售模式和面向个人（to C）的销售模式有很大的不同。

对 to C 类的销售管理和考核，用"底薪＋提成"模式就基本可以搞定（当然不同的行业和产品有差异性）。因为 to C 类的产品往往是"一锤子买卖"，交易过程相对简单，东西卖出去，钱收回来就可以了。

但 to B 类的销售流程要复杂得多，往往涉及招投标、产品安装调试和后期服务、维护、升级等，整个项目从头到尾做完可能需要几个月到数年时间。在这种情况下，如果对市场销售的管理还是采用"底薪＋提成"模式，可能会让企业的市场运作完全失控。

虽然"东西卖出去，钱收回来"也很重要，但这只是冰山露出水面的那一小部分，而水面以下的部分，才是决定企业生死存亡和长期发展的关键所在。

在此，我们提出了 to B 销售项目成功需要关注的三大象限，九个指标。读者可以根据产品的不同、行业的不同和企业定位的不同有所侧重和调整。

4.1.1　短期目标：销售项目的成功

指标一：签订项目合同

必须是签订有实际金额的销售合同，而不是签订意向性合同和"战略合作协议"等。

有些公司热衷于签"战略合作协议"，老板到处刷脸蹭热度，自以为傍上了优质资源，而实际收益寥寥无几，最终在一片喝彩声中耗干了自己的现金流。

对于中小企业而言，能带来真金白银的销售永远是第一位的。

指标二：完成合同内容

卖产品的，就把产品做好；卖服务的，就把服务做好；做集成的，就把集成做好……老老实实地完成合同规定的内容，这是项目成功的基本要求。

指标三：按时收回款项

衡量项目运作水平的一个重要指标，就是按时回款。能够按时回款，也证明了客户对我们产品、服务和公司能力的认可。所以，项目组人员的项目奖金和提成，务必要和回款挂钩。

指标四：维持合理利润

这个"合理"意味着利润并非越高越好，也并非越低越好，而是要在一个合理的区间、符合企业的总体战略。能赚该赚的钱，也敢于亏该亏的钱，不能竭泽而渔。

4.1.2 中期目标：市场深耕的成功

指标五：深化客户关系

项目进展中和完结之后，尽量安排公司的高层拜访客户高层，或者邀请客户来公司参观考察。能否实现相同产品的多次销售，是考验客户关系是否升级的关键标尺，也是考验一个基层销售人员能否成长为中层管理人员的关键标尺。

我们卖东西给客户的结果，应该是让双方的关系更紧密，而非关系更疏远甚至产生怨念。凡是风险太大、不能让双方关系更紧密的项目，宁可不做。

很多公司号称有很多世界 500 强企业在用自己的产品，这并不能说明什么，重要的是那些企业是否多次购买它们的产品。现在很多大企业都在到处物色方案，寻找各种（潜在的）合作伙伴，把产品卖给这些大企业（试用）一次并不难，难的是能够让它们多次、多批量重复购买，这才是衡量产品及解决方案实力的硬指标。

指标六：收集市场资料

甲方的决策链是怎么样的：谁拍板，谁出钱？竞争对手的产品优劣势如何？销售人员能否通过合法的手段收集到各方面的资料，并对这些资料进行分析，输出产品性能竞争对比表；输出甲方的决策链分析图；输出针对项目的态势分析（SWOT 分析）表；输出针对行业的市场机会分析报告……

只有输出才是有价值的。销售人员能否输出这些东西，应该和他们的年终奖直接挂钩。

指标七：支持跨区域、跨行业的销售

市场销售人员的思维和格局，不能局限于手上的一亩三分地。

作为一名销售员，项目成功了，能否做一次成功的案例分享？项目失败了，能否做一次失败的案例分析？

销售人员要有一个基本意识，就是不把公司其他销售人员和同事作为竞争对手，而是将其作为并肩奋斗的伙伴，这样才能够做深入的分享和交流。

无论项目成败都能够输出深刻的项目分析，这样的销售人员在任何公司和团队都会被喜欢，他们的职业发展机会一定会超过其他人。有很多公司把"内部分享"作为重要考核项，这样无论是对个人还是对企业都有好处。

同时，客户可能更懂你的产品，甚至会帮你卖产品，他们更了解自己行业的需求。把甲方从购买者变成产品和方案设计的参与者，是解决方案销售很重要的技巧，而且很多甲方也很乐于参与。

还记得解决方案的定义吗？解决方案是买卖双方在共同认定的问题上找到达成共识的答案，并且答案要体现在可衡量之处。

企业在某个区域或行业扎根之后，那些曾帮助企业赚到第一桶金的"元老"，有可能成为企业下一步发展的障碍。他们考虑问题的出发点就是守住自己的一亩三分地，甚至将自己的利益凌驾于公司的利益之上。

有的公司为了让公司走向管理的正规化，不得不用"市场部大辞职"这种极为凶险的举措来解决"各路诸侯""窝里斗"的问题，但是此举的可复制性微乎其微。

所以，无论是考虑公司的长远发展，还是为了防止"窝里斗"耗掉公司的能量，只有冲出去拓展新市场、新业务，用对新机会的追求来抵抗"窝里斗"的负能量，企业才能保持持久的生机和活力。

而且，只有不断地拓展新市场、寻找新机会，企业的新人和新生势力才会有好的发展前景。

指标八：支持其他产品的销售

好的产品体验，可以让你把一种产品卖给多个客户；好的客户关系，可以让你把多种产品卖给一个客户。二者相辅相成。

"支持其他产品的销售"，往往包括（但不限于）以下几种情况：

（1）销售公司现有的其他产品；

（2）发现行业机会，建议公司开发新产品；

（3）系统集成（或被集成）其他公司的产品。

能否"支持其他产品的销售"，实际上反映了市场销售人员的市场敏锐度和眼界，它反映出你把自己当作一个销售员，还是当作一个市场的布局者。后者明显更有发展空间。

4.1.3 长期目标：企业组织的成功

指标九：组织成长和人力资源增值

人力资源的增值和组织的成长，一定比单个项目的成功更重要。或者说，所有项目成功的最终落脚点，一定是人力资源的增值和组织成长。

面对千万元级别的项目，如果 A 企业去年是总经理拍板，今年也是总经理拍板，明年还是总经理拍板……这样的企业，明显是发展滞后的。跟着这样的总经理干活也得不到锻炼，团队肯定会越来越散。

而同样是千万元级别的项目，如果 B 企业去年是总经理拍板，今年是副总经理能拍板，明年是销售总监就能拍板……这样的企业，才有可能接到和交付比 1000 万元级别更大的项目订单，因为在这样的企业里，总经理才可以放开手脚去布局和运作更大的项目，而员工的成长必然也会快得多。

虽然这样做要冒很大的风险，比如销售丢单，公司内部协调不畅等，但只要不动摇公司的根本，冒这样的风险甚至付出代价都是值得的，因为只有这样，才能够倒逼整个组织进行变革，比如总经理的授权和分权，企业内部的分工更加明确，企业的决策模式更加合理。

只有先把短期目标、中期目标、长期目标这三大象限九大指标的认知"对齐"了（见图 4-1），才能够让团队在同一个"频道"沟通和工作。

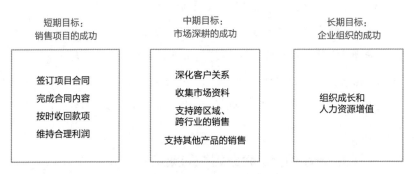

图 4-1　项目成功的三大象限九大指标

4.2 典型的大客户项目运作流程

从项目挖掘到公布招标结果、回款，往往历时数月到 1 年，后期的交付、运维则需要持续 3 年甚至更长时间。

图 4-2 所示是一个典型的项目运作流程。

图 4-2　典型的项目运作流程

在图 4-2 中，我们把标前阶段的工作定义为需要甲乙双方配合完成的，这是很重要的思路。在法律允许的范围内，为了尽快推动项目落地，甲乙双方在项目启动（标前）阶段进行充分的沟通，是很正常的也是非常必要的工作。甲方可以同时和多个潜在的项目参与方共同完成需求调研和项目设计，并把对设备和商务的要求明确写入招标文件中形成正式标书。

成功的企业会把工作重点放在项目启动阶段以及后期运维阶段。因为前者能控盘整个项目运作，后者可以从小胜走向大胜，从单点项目的成功走向全局的成功。

而更多的企业，可能由于资源和信息的原因，往往会在得到项目招标信息之后，仓促开展各种"运作"。

根据国内外大客户销售的案例统计，那些能够主动挖掘项目并能把公司优势"预埋"到项目中的企业，其项目成功率至少是七成。这一点说明了"先胜而后求战"的思想是普遍适用的。

很多公司做到"运维和升级"阶段就认为已经大功告成了。其实优秀的企业会从"运维和升级"的过程中发现和挖掘新的项目机会，然后再次进入新的项目运作，形成闭环的项目运作流程（见图 4-3）。这样就能把一个产品的多个功能，或者把一个公司的多个产品和服务不停地引入成熟的优质客户，从而实现公司和客户的共同进步。

图 4-3　闭环的项目运作流程

有些公司对售后服务人员也有"调研客户需求"的工作要求，这是很有必要的。因为很多售后服务人员对客户的"痛点"、对公司设备的运行情况，乃至对竞争对手的设备运行情况都能拿到第一手资料。

4.3 盯项目就是盯事、盯人、盯钱

无论是老板自己去盯项目，还是安排员工去盯项目，都必须搞清楚"什么才叫作盯项目"。

从操作层面上来说，盯项目就是盯事、盯人、盯钱，缺一不可。

所谓盯事，就是盯客户的业务需求、业务链条，判断客户是否真的有意愿来做这个项目，有没有做项目立项，或者准备立项。

如果客户真的准备立项，那就要对项目进行介入和引导，把自己公司的优势预"埋"到立项中，但是也不要太明显，因为很容易成为竞争对手的打击对象。

所谓盯人，就是盯客户的决策链。比如在具体的项目中，客户有没有成立项目组，项目组成员的构成和名单，项目组中谁负责认证产品技术、谁负责认证商务和价格、谁负责认证交付和维护。

在客户的项目组中，哪几个人比较友好（A 类客户）、哪几个人中立（B 类客户）、哪几个人倾向于竞争对手（C 类客户），项目组怎样做决策，

需要投票吗，是过半同意还是要三分之二同意，项目组成员的投票权相等吗？

有的公司一旦拿到客户的项目组成员名单，会立即开始安排工作，要求公司的项目组成员必须"一对一盯人"，客户项目组成员中的所有人都要覆盖到。无论是 A、B、C 哪类客户，至少要有每周一次的面对面沟通机会。同时，要把不同客户传递的消息进行整合和验证，以确保项目的完全可控。

实际上，盯项目的关键就是盯人。把人盯好了，项目基本上跑不掉。

所谓盯钱，就是盯客户的财务状况、资金预算、商业运营模式和回款周期。现在有些客户看起来项目很多、闹得很欢腾，其实手上没有钱，总想让乙方先投入做项目，项目做完了，账上有钱了，再付款给乙方。这一来一回，至少 2 年过去了。多少乙方就是这样被拖垮的。

对乙方来讲，那种甲方有资金预算，甚至资金已经到账的项目，当然是上上之选。

如果甲方手上没钱，甚至连预算都没有做，那就要慎之又慎。

有时候甲方手上的确很缺钱，但是项目很不错，项目交付运营之后本身会带来现金流，比如交通执法监管项目等，对于这种情况，可以考虑用合作运营分成的方式参与项目。

有时候还需要用到政府和社会资本合作（PPP）、融资租赁、供应链金融、第三方投资等方式来运作项目，那更要对项目的财务数据精准测算之后才能参与。

无论是老板自己出去盯项目，还是安排员工去盯项目，都是要盯住这三点。如果老板安排你去盯项目，你就要把这三点盯清楚，向老板汇报也是重点谈这三点。

4.4 小心"为客户服务"会拖垮公司

很多人以为只要"全心全意为客户服务"就一定能获得成功，其实，没有做到"全心全意为客户服务"却取得成功的公司也有很多，而不少"全心全意为客户服务"的公司却被拖垮了。

这是因为很多人压根儿就没有搞清楚"为客户服务"中最核心的要点是什么。

为客户服务不是时刻紧盯客户，不是客户要什么就给什么，更不是陪吃陪喝陪玩。

"为客户服务"的核心要点是：先搞清楚谁是客户，确认了你是我的客户，我才为你服务。

所以，要花 80% 的时间和精力思考和确定"谁才是我真正的客户"，然后才是为客户服务，并且要服务到位。

企业的资源是有限的，为任何人服务都会消耗企业资源。如果毫无甄别地到处为"客户"服务，公司很快会被拖垮。何况你竭力为之服务的未必是真的客户。

管理大师德鲁克说"先要确保'做正确的事'，然后才是'把事做正确'"。

那么，怎样的人或组织才能算是客户呢？至少要具备以下几个特征：

（1）有真实可见的项目或市场空间；

（2）有资金和预算，或者资金和付款有保障；

（3）对项目及相关信息有知情权、有影响力，最好有决策权。

所有这些，都不能只听一面之词，一定要有第三方信息来源作确认。这一点非常重要。

千万不要怕别人认为你太"现实了"。一个真正有价值的客户或朋友，会很明确地告诉你他在这个项目上的影响力，不会无谓地消耗你的时间和精力。

在很多公司，其实是老板和创始团队做了"确定谁才是真正客户"的工作，是他们蹚平了所有的坑，然后才由市场和销售人员"为客户服务"。千万不要因为可以和客户"谈笑风生"了，就觉得自己很了不起；也不要因为能签几个大单就以为自己销售能力强、为客户服务做得好。

只有真正理解了"为客户服务"的精髓，你才能在公司得到更好的发展，或者能在自己创业过程中避开更大的风险。

4.5 品牌与营销资源库建设

4.5.1 如何快速输出高质量的解决方案文案

公司做营销拓展时，往往需要准备很多文案，比如交流用的 PPT、企业介绍、产品和技术介绍、有针对性的解决方案等。

再厉害的察言观色和营销话术，也比不上书面文件更能给客户以信任感——哪怕只是最基本的书面文件。

一般来说，客户在没有看到你们公司具体的产品和方案介绍之前，不会轻易表态。如果销售人员只是口头说自己的产品如何如何好而没有递交实实在在的书面方案，只会徒增客户的反感，这样的交流（尬聊）纯属浪费时间。

对于公司来说，能持续输出高质量的文案要跨过三道坎儿。

第一，能够制作满足销售"敲门砖"要求的基础文案。基础文案能够讲清楚"我们是谁，我们能做什么，我们能给客户带来什么价值"即可，适合于"广撒网"式的宣传。

第二，可以针对某个特定行业、特定客户量身定做专家级解决方案和文案。

第三，让公司更多的人也可以快速输出定制化方案的专家级文案，而且能保持文案的水平和风格基本一致。

要做到第一条并不难，绝大多数公司都能做到，哪怕是一个刚成立不到1年的公司；要做到第二条，一个解决方案专家再加上一个不错的文案人员也能写出来，有两三年积累的公司也能做到；而要做到第三条，那就是一个能依靠平台做营销的公司了，此时公司会进入快速发展阶段，而且发展空间会成数量级拓展。在某种程度上，一个公司的解决方案文案的水平体现了公司的运作水平（见图4-4）。

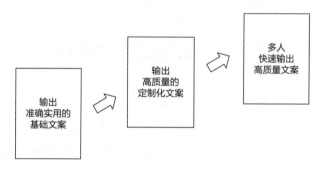

图4-4　见微知著，文案的水平体现了公司的运作水平

而真正的优质公司可以做到：明明是批量化、模块化的解决方案，却可以让每个客户都感觉是为其量身定制的。这样的方案不仅可以快速地批量输出，而且成本还不高。

要实现这样的高价值营销，是有方法的，每个公司、每个人都可以学会。

利用客户需求的"二八原则"

随着公司项目的积累，你会发现客户需求也是遵循"二八原则"的：占客户总量 80% 的客户，需求都大同小异；其余 20% 的客户，才会提出一些更加个性化的需求；在同一个客户提出的若干需求中，80% 也是其他客户的需求，只有 20% 的需求才是其自己的特殊情况。

重要提醒：团队内部的及时沟通很重要。如果每个销售人员都只埋头干自己的项目，互相不交流，公司就很难发现客户的普遍需求，公司资源就会被重复消耗和占用。

当你发现在 10 个客户提出的 100 个需求中，有 80 个都是类似的，只有 20 个是个性化的，而那 80 个类似的需求又可以整合成 20 个普遍的需求，这样一来，你就不用为 100 个需求做方案了，而是只需要为 40 个需求做方案，并且形成规范的方案库即可。

当你们拓展新客户时，他们提出的 10 个需求中可能有 8 个已经在你们的方案库中了，只有 2 个需求是需要应对的，那么只需要公司专家重点针对这 2 个新需求输出方案就行了。

标准化、模块化、即插即用

比如客户的需求是"降低成本"，那么方案就要从我们如何降低设备采购成本、如何降低设备安装成本、如何降低后期维护成本、我们设备的功耗和能源效率优势等方面去描述。对上述的每一方面的具体描述，都需要有标准化的文案模块。例如：也许我们设备的报价并不低，但因为质量好、功耗低、维护成本低，所以和竞争对手的同类设备相比，在 8 年的设备运行周期中为客户节省了总成本的 20%。

又比如客户的需求是"确保方案的安全性"，那么马上就要将其分解为以下几个方面：怎样保证单板或模块的安全性；怎样保证设备或系统的安全性；怎样保证网络或架构的安全性；怎样保证和第三方互联互通的安全性；怎样防止病毒攻击并防止断网；如何从产品技术、人员组成、流程管理方面加以保障，等等。

上述每一方面也都要有专家的标准化文案模块。只要客户有"安全性"的诉求，就可以直接调用相应的文案模块进行标准化输出。

文案的逻辑架构科学，主次分明

有一个非常重要的观点要澄清：企业输出各种营销文案不是为了自我表现，而是为了帮助客户决策，即为客户决策（使用我们的方案）提供足够的理由。

所以一定要把最能方便客户决策的内容放在文案最显眼的位置，让客户一看就知道应该怎么办。至于很多解释性的内容，可以放在附件等位置，让对其感兴趣的人（主要是客户的执行层）去具体了解。

很多时候，客户用我们的产品和方案不是因为我们的产品和方案真的就比竞争对手的强多少，而是我们提供的方案阐述结构（如图 4-5 所示）清晰，能让客户更方便地决策。

下面我们分模块进行简单的分析。

- **宏观环境**。可以从各大政府网站及相关行业协会网站和媒体上搜索材料。
- **客户介绍**。可以从客户的官方网站上寻找可靠的信息，包括客户高层最新讲话等，这些都是可以迅速丰富文案的内容，而且一看就像"自己人"在说话。
- **项目现状、需求阐述**。可通过与客户做面对面的访谈和调研，将从中得到的信息梳理成条理性的内容，将文案内容按次序陈述，只需陈述客户的实际情况（项目现状）即可，不要贬低客户的项目现状。

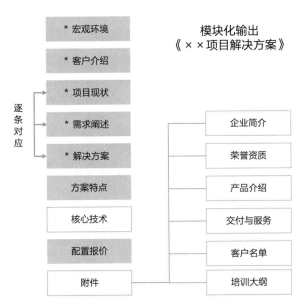

模块化输出
《××项目解决方案》

图 4-5　方案阐述结构图

项目现状：

① 网络容量出现瓶颈，新增业务困难；

② 设备老化严重；

③ 维护力量有限。

客户需求阐述：

① 按照业务规划，新增 A 业务；

②机房搬迁，从老机房搬到新机房；

③线路改造，光纤入地。

- **解决方案**。要和客户的实际情况及需求对应。

① 网络容量扩容方案（针对"网络容量出现瓶颈"及"新增A业务"）

完全满足现有业务的需求；完全满足新增A业务的需求；预留50%的冗余。

② 设备更新换代方案（针对"设备老化严重""机房搬迁"和"线路改造、光纤入地"）

替换在网时间超过6年的设备，升级在网时间超过3年的设备；新设备优先考虑在新机房使用；设备切换和光纤线路改造同步进行。

③技术培训方案（针对"维护力量有限"）

对客户已有的2个中级工程师进行高级培训，对新来的3个新员工进行初级培训。

总之，我们提供的解决方案要紧扣项目现状和客户需求，不要多也不要少。

- **方案特点**。把客户的想法用具体的方案体现出来。

比如客户看重安全性，那就重点谈我们的方案如何保障安全；如果客户看重环保低碳，那就重点谈我们的方案如何实现低排放。

总之，我们的方案"不是我们做的，而是我们和客户一起做的"。这也体现了"解决方案"的核心思想。

- **核心技术**。采用标准化的说法，只是需要在客户看重的技术上多加描述就好。

- **配置报价**。按照客户的规范要求提供配置清单和报价。如果客户没有规范要求，也要按照公司的规范提供配置清单和报价。
- **附件**。所有的通用内容都可以放到附件中，比如企业简介、荣誉资质、产品介绍、交付与服务、客户名单、培训大纲等。

为了方便客户决策，对 2000 万元以下的项目，方案阐述的主体部分控制在 15～20 页的 Word 文档或 PPT 就足够了。至于附件部分，可视项目情况而定，可多可少，比主体部分多上几倍也很正常。

这套文案的架构清晰简洁，不仅用于普通的常规项目绰绰有余，即使面对大项目，也不需要做太大的调整，只需要把客户的实际情况、客户需求摸清楚，然后把解决方案写得更有针对性就行。至于很多通用化的东西，一样可以套用。

如果公司建立了这么一套文案模板，只需要把通用化的东西每半年进行一次优化，或者产品有了新功能、新特点之后把文案模板做一次统一升级即可。

哪怕是一个新进公司的"小白"，也能用这套模板写出比较专业的文案。即使要改动，也只需要改动个性化模块后找公司的专家把关就可以了。

这套技巧不只可用于写营销文案，其实，市场与商业模式分析、融资用的《商业计划书》都是这个思路。这基本上就是在为创业打基础、做准备了。

4.5.2 企宣资料要藏露适度

你可能发现，某些大公司的宣传资料和产品资料有时看似虚头巴脑、废话连篇、不知所云，千万不要以为它们的宣传文案不专业，它们很可能就是故意的。

比如展会上用的宣传资料。展会上人来人往，来拿取你们公司宣传资料的，除了潜在的客户，也可能是竞争对手。在这样的情况下，你不能不在展台上摆放资料，也不能在资料上什么都写。

虽然有的公司要求在展会上只有参访者留了名片才能给资料，但这样也只是可以收集客户信息，并不能阻止竞争对手取走公司的宣传资料。

既然不能阻止竞争对手来收集资料，那就只能在资料的内容上做文章了。参加展会的目的，不是让别人一次把你们看个够，而是主要对外传递以下几个信息。

其一，行业内有我们这家公司存在，我们参加了展会（会上和会后可以发朋友圈、公众号、视频号等，做各种立体营销）。

其二，我们有非常炫酷的 ×× 产品和解决方案。

其三，我们的方案做得很好，客户都很喜欢，他们的体验很好，有的客户还写了感谢信。

至于我们的产品到底是怎样做的，有哪些细节，哪些具体的参数和功能，资料上语焉不详。要了解更多，欢迎到我们公司参观考察，或者请留下名片，会后拜访详聊。

这类文案的妙处不在于详细周全，而在于意犹未尽，因为这样才有进一步沟通和交流的机会。

展会的目的是导流，是要找到价值客户和合作伙伴在会后进行深入交流。如果展会开完了，连一个回访的客户都没有，那只能说明两点：要么就是你们的产品和方案完全没有吸引力；要么就是你们把该说的和不该说的都说了，失去吸引力，客户觉得没必要进一步和你们详谈了。

宣传材料至少分两种：一种是言简意赅、信息密度大，做精准推送；另一种是制作精美但有效信息较少，用于投石问路。

这里需要注意，一定不要做虚假宣传。

4.5.3 产品营销话术：功能、场景、故事

虽然大家对那些充满"套路"的营销话术越来越反感，但合理使用营销话术的确是能够让买卖双方都获益的方式。使用营销话术的目的不是去骗客户的钱，而是让客户快速了解、接受并购买我们的产品和服务。正如我在前言中所说：商业的好处，是让自由买卖的双方都能获利，也能让全社会获利。

我们此处所说的营销话术，不是那些坑蒙拐骗之术，而是降低沟通门槛，方便客户快速决策的方法。所以，作为产品的创造者和推广者，应认真地学习、研究和使用营销话术。

我们可以将营销话术比作三张牌，一张牌讲功能，一张牌讲场景，一张牌讲故事。这三张牌没有绝对的优劣之分，都应该准备好。因为对不同的客户，需要用不同的方式去"打动他"。

下面我举两个例子。

案例 1　你们是一个卖智能家居解决方案的公司，可以用手机 App 或智能音箱控制窗户、窗帘的开闭。

讲功能：我们的智能家居解决方案可以用手机或智能音箱控制窗户、窗帘的开闭，非常方便。

讲场景：我们所在城市雷阵雨特别多，如果下雨时您正好在外面赶不回去，可以直接在手机 App 上操作关窗，多么方便省心啊。

讲故事：张女士怀孕后对风、光、温度很敏感，总是不停地让家人开窗、关窗；拉开窗帘、拉上窗帘。使用了我们的智慧家居方案后，张女士只需点点手机就可以操作窗户窗帘的开闭，大家都方便多了。

还有李大爷，年龄大了，开关窗户窗帘都不方便，又不太会操作手机，使用了我们的智能音箱，他躺在床上动动嘴就能控制了，多么方

便啊。

案例 2　你们是一个做安防监控和视频智能识别系统的公司，可以对监控视频做实时识别，自动判断异常情况并报警。

讲功能：我们的"智慧天眼"视频智能识别系统可以快速进行人员流动量统计，识别人员聚集、肢体接触等情况并报警。

讲场景：虽然现在很多地方都安装监控摄像头和显示大屏，但还是需要人盯着看，工作人员劳动强度很大。使用我们的"智慧天眼"系统，当某处出现大规模人员聚集、肢体接触时，系统会自动识别并报警，能大大减轻相关工作人员的劳动强度。

讲故事：某大型商场的保安部，过去需要 100 个保安三班倒巡视才能完成安保任务，因为预算和待遇有限，招工比较困难。自从使用了我们的"智慧天眼"系统，只需要 50 个保安就能完成安保任务。而我们的"智慧天眼"系统所需要的投入，不到 1 年时间，就能从节省的人工费中弥补回来。

某仓库地处东北，到了冬天，晚上的气温低至零下 30 摄氏度，保安都不想出去巡更，这就给了偷盗分子可乘之机，仅前年冬天被盗物资损失就超过百万元。该仓库用了我们的"智慧天眼"系统后，物资被盗损失大为减少，还抓住了 5 个偷盗分子。仓库老板一高兴，还给保安部每人发了一个大红包。

作为技术营销人员，功能、场景、故事，这三张牌都要准备好，而且能够根据现场情况和客户反应判断应该怎么出牌。

更重要的是，功能、场景、故事是可以互相促进的。你接触的客户越多，了解的信息和场景就越多，你的话术就越丰富，营销技巧就越纯熟，以至于让别人感觉不到你在做营销，而只是站在客户的角度、根据客户的需求提出建议和解决方案。

所以，当你们公司准备做新产品推广时，不要只是准备产品功能的介绍，也要为销售人员准备一些场景和故事与客户分享。

如果客户不愿开口，那我们就先讲几个故事吧。

4.5.4 做到这 10 条，让参加展会的钱花在刀刃上

现在各类展会越来越多，规模越来越大，名头也越来越响。公司的营销经费毕竟是有限的，不可能对所有展会都跑去凑热闹。

很多公司可能被各种展会信息轰炸得无所适从——去参展吧，怕达不到预期效果；不去参展吧，又怕错过了机会。那么，应该如何有选择地参展呢？

这里有 10 条基本经验，可以帮助你判断展会的含金量，并告诉你具体的参展操作。

判断是否应该参加展会，有 4 条标准。

展会的主办方是谁

展会主办方的背景一定要雄厚，优先考虑政府主办的展会，比如国家发展改革委、工业和信息化部、教育部等单位主办的展会；其次考虑行业龙头企业主办的生态展会，比如阿里巴巴主办的电商峰会、国家电网主办的电力论坛、华为主办的通信行业生态大会等。

这是第几届展会

除非展会有深厚的背景，公司也有迫切的需求，原则上慎重参加首次举办的展会。很多低价值的展会往往是头两届举办得轰轰烈烈，越到后面就越乏力，然后就销声匿迹了。

真正高价值的展会，往往能够连续举办十几届甚至是几十届，而且每一届都有亮点。这样的展会在行业内外才站得住脚，才更值得去投入和参加。

该展会之前的办展情况如何

在互联网上查看前几届的办展情况，看看该展会在哪些媒体上有报道，有没有重要单位参与，有没有重要人物出席。如果是业界头部企业主办的峰会或论坛，该企业的负责人和产品负责人是否出席？有没有安排深度交流环节？

如果某个展会连续几届都有重要人物出席，而且都能登上重要媒体的头条，这样的展会含金量一定很高。

有哪些厂家、客户或重要人物会参展

很多展会的主办方在做展会宣传时，会写上"拟邀请×××参会"，很多公司就是被这个"拟邀请"给骗了。

我们还是要看这个展会的往届情况，公司的主要友商或竞争对手有没有参展？公司的主要目标客户有没有参展？行业的主管单位有没有人出席？这些都是可以在互联网上搜索到的信息。

总之，往年发生过的事情，今年还有可能继续；往年都没请得动的人物，今年和今后大概率也请不动。

如果决定参展的话，有以下细节需要注意。

选展位

与其参加三次平淡如水的展会，还不如把钱花在一次重要展会上。而一旦决定参展，就尽量选择"地段好"的展位。什么叫地段好呢？

- 位于或靠近展会大厅的"主航道"，参观的人流往往会经过你们的展位；
- 展位靠近行业龙头企业，很多客户参观完龙头企业之后，很可能也会顺便去你们公司的展位看看；
- 展位靠近主要客户，可以方便与客户接触，甚至有互动。

展台的设计和布置

每个公司的情况都不一样，而且展台设计公司也很多，它们的布展方案往往都比较专业，在此不再赘述。只是有以下几点需要注意。

- 从远处看，展台要有吸引力，在喧闹的展会中具备视觉冲击力。
- 从布展看，展台要有体验感，能够留住参观客户。
- 企业 LOGO 要醒目并从多角度呈现。很多时候，重要的大客户可能在你们展台逗留的时间只有 1 ~ 2 分钟，所以展台的设计要做到能让客户在参观过程中，从任何角度拍照取景都能出现企业 LOGO，这样才能方便现场抢拍，这样获得的照片，才能方便企业将来的营销宣传。
- 设立可以私聊的空间并放置桌椅，方便和重要客户或合作伙伴做深入交谈。

营销素材的准备

展会上的人员非常复杂，有客户，有友商，有潜在合作伙伴，也有刺探情报的竞争对手。用于展会的宣传资料，不能不写干货，也不能把公司情况全部交底。

我们参加展会，归根结底还是为了促进成交。不是追求在展会上的立刻成交，而是在展会后建立长期关系。

用于展会营销的企业素材，格调要高，吸引力要强，信息公开要分层分级。

有的资料是可以"广而告之"的，参观者凭名片就可以取；有的资料是专门给客户或潜在合作伙伴看的，这个则要摸清对方情况之后再给（一般由展会现场负责接待的人员判断）；有的资料是邀请客户去公司参观之后，才能交底的。原则上，如果不清楚客户的情况，就不要轻易把公司资料给对方。

有时候还会有记者前来采访，这就需要提前把采访的问题和回答的素材提供给记者和受访者，让双方都有所准备，提高采访的质量和效果。

千万记得：未经公司最终审核的稿件，不要直接发表在重要媒体上。

现场安排和场控

现场安排，具体来说就是谁接待、谁讲解、谁拍照、谁跟进，每一项都要安排到人。

有客户参观展台时，一定要有专人上前了解其兴趣点，然后安排现场的专家进行讲解，必要时可以有专人拍照（尽量拍下客户的正面像和企业 LOGO）。如果是重要客户，一定要留下联系方式，后续安排专人跟进。

客户信息和市场信息的获取

每一次展会都是一次行业的"大聚会"，所以也要尽量收集展会上其他行业伙伴和客户的参展资料、友商的资料、竞争对手的资料。比如凭名片交换公司资料，微信扫码获取企业资料，等等。只要是在合法的前提下，能够收集多少就收集多少。

会后的营销怎么做

展会开完，事情就结束了吗？

不！参加展会的效果，一半在于展会本身，另一半在于现场宣传和后续的运作。展会开完，真正的营销工作才刚刚开始。

对展会上收集来的客户资料要仔细梳理；对新的客户和合作伙伴需要再次联系和跟进；公司参展的信息需要在各类媒体（公众媒体、行业媒体、自媒体等）上发布；在展会上邀请客户到公司参观的事项，需要具体去落实……

把展会上获取的信息变成资源，再把资源变成项目和签单，这是一整套操作流程，需要各部门通力配合。

参加展会是一个"暴露公司实力"的机会，也是巨大的挑战。因为公司的所有优势和劣势都会被放大和曝光，甚至连你自己都觉察不到。

如果你们公司的实力很强，而且运作能力也很强，参加展会往往能取得很好的结果；如果你们公司实力一般，只是想去展会上"露露脸"，那还是算了，老老实实在家里苦练内功吧。

4.6　常见场景的客户拜访技巧

凡事预则立，不预则废。客户拜访是一件需要好好筹划的工作。有些公司的营销工作做得不错，有品牌有影响力，给客户的印象还不错。但一旦和它们的销售代表或公司高层当面聊上几句，对它们的印象顿时就下跌不少。

有些平时做事很靠谱的人或公司，因为没有注意到拜访中的一些细节，给客户留下了"不靠谱"的印象。这真是让人惋惜。

在做客户拜访时，有很多临场应变的技巧，这些技巧很多畅销书或课程上已经讲了很多，我们不再赘述。其实只要把一些基本的工作做扎实了，完成基本的客户拜访工作是没有问题的，就怕整天去琢磨那些灵活应变的表面功夫，却忘了项目运作或营销工作的大局。

客户（尤其是其高层）对那些很会察言观色、说话滔滔不绝的销售员可能会有较深的印象，但在涉及工程安全和关键利益时，他们还是倾向于脚踏实地的公司和团队。

很多公司会对员工做销售培训，尤其是话术培训。但如果你们公司给客户的印象是"话术很高明"而不是"产品很厉害"，那可真是要敲警钟了。宁愿让客户认为"你们的产品不错，就是营销弱了点"，也不要让客户认为"你们的营销不错，就是产品不行"。

有些销售高手会故意让客户认为"你们的产品不错，但就是不太会宣传"。因为这样会激起客户"愿意助你们一臂之力"的冲动。

客户拜访是一件需要好好策划和准备的工作，而且客户拜访是分为很多场景和需求的，不同的场景和需求，策划和准备也有所差别。

拜访客户前不做准备，无论是拜访过程还是拜访结果都不可控，这是要极力避免的。哪怕是突然发生的"遭遇战"，那些能从容应对的人，也一定是早有预案、成竹在胸的。

4.6.1 拜访前的准备工作

了解客户的实际情况和特定需求

之前谈到的怎样做行业调查和客户调查，是比较宏观层面上的；而对于具体的项目运作和客户拜访，就要了解具体的客户动向和需求，包括但不限于客户单位的重要人事变动情况（包括传言的和实际发生的），重要官员视察客户单位时的最新评价以及客户单位的反应和表态，客户高层的最新讲话和工作思路，客户单位对具体业务的应用需求和特殊场景等。

比如有重要官员视察客户单位时明确提出"要加强数字化建设"，我们与客户交流时就要重点介绍如何帮助客户加强数字化建设。

又如5G建设和应用，中国的三大运营商（中国电信、中国移动、中国联通）对5G业务的理解和突破方向是有差异的，具体的操作模式也有很大不同。而不同行业（如石油化工、智能制造、港口、医疗等）的用户对5G的需求也大不相同，高清视频用户强调大带宽，精细化操作的用户则看重低延迟，有的用户对5G设备的能耗和占地面积很敏感，还有的用户（比如大型赛事和演出的组织方）希望5G设备能够快装快卸，甚至可以移动补点。

这些个性化、差异化的需求，必须深入行业内部去了解。如果不把行业摸清楚，营销工作是做不好的。

要了解这些信息，其实用不着太高的天赋，只要脑子和手足够勤快，做事足够主动就可以。客户的网站或公众号上往往就有很丰富的信息，尤其是人事动态和高层讲话，重要的信息已经提供给你了。

了解自己的拜访目的

每一次客户拜访都是公司资源的释放和消耗。因为你花时间拜访了这个客户，也就意味着你把其他事务暂时放到了后面。所以每一次客户拜访之前，都要想清楚为什么要进行这次拜访。

这样既是梳理自己的工作，也是尊重客户，不浪费他们的时间。客户并不反感"目的性太强"的公司，客户反感的是"你还没搞清楚我们的需求，只想强卖产品"的公司。

客户拜访的场景，常见的有陌生拜访和破局、深入的技术交流、对高层的汇报、对项目进展的汇报、设备发生故障时的应急处理汇报，等等。我们在每一种场景中，都有自己的拜访目的，而且都有合适的方式完成拜访。

了解主要竞争对手

拜访客户之前，需要了解竞争对手的很多信息，包括但不限于：你们公司的主要竞争对手有哪几个？你们在特定行业、特定区域的竞争对手又有哪几个？他们的产品怎么样？价格怎么样？他们的交付和服务能力怎么样？他们是自己做维护还是请第三方做维护？你们有没有针对性地做过 SWOT 分析？你们的竞争对手最近拜访过该客户吗？他们的拜访目的是什么？

你们的竞争对手有没有推出新产品？他们的产品最近有没有发生过事故？是怎么处理的？你们的竞争对手多久做一次巡检？多久做一次维护？

你们竞争对手的公司性质、股权结构和决策机制是怎样的？

一般来说，越是大企业，产品的成熟度越高，决策也越慢，CEO 受到的掣肘也越多；而中小企业的优势在于决策快、执行快，但其产品的成熟度和服务的稳定性要弱些。

拜访资料的准备

客户拜访，最忌讳的是空手而去，空手而归。

每次去拜访客户，必须准备好企业的标准宣传册，包括而不限于公司宣传册、产品手册和解决方案宣传册、产品和服务案例宣传册、企业资质文件等。这些可以放在一份宣传画册中，也可以是分开的几个册子。把这些宣传资料和公司的文化礼品一起装到公司的订制手提袋中，显得正规又专业。

无论客户看与不看，请务必准备标准的纸质宣传图册！很多客户高层习惯了阅读纸质文件，对电子版的东西兴趣不大。

这些打印出来的、制作精良的册子，胜过千言万语。而且有了纸质资料，有些话题才好围绕着重点展开，而没有资料，只能泛泛而谈，或者夸夸其谈，效果可想而知。

除了做纸质资料的准备，还要有统一风格的名片。公司的门户网站、微信公众号、百度百科页面甚至短视频，只要条件允许，都要做得专业（未必很华丽）。

想想看，当客户看到衣着整洁的销售团队递上制作精良的公司资料和名片，能围绕具体问题做深入交流，而且在网上搜索到的这个公司及其产品的相关信息也能和销售团队描述的互相印证，就很可能对你们公司产生好的印象：靠谱。

"靠谱"是可以"装"出来的，但是"装"的时间长了，也可以变成真靠谱。

4.6.2 对大客户的陌生拜访和破局之道

为什么很多大公司出来的销售精英，其销售能力，尤其是对陌生市场的破局能力好像还不如小公司的销售员？

为什么创业型公司不能迷信大公司出来的"销售精英"，而要从小公司出来的销售员中"淘宝"？

因为大公司的销售精英们做"陌生拜访"和"破局"的工作越来越

少了。他们在过去平台上的销售工作，是自带大公司光环的，而他们自己对这一点往往浑然不知。

而在小公司工作的销售员，他们的公司不知名，产品不知名，他们需要靠自己深一脚浅一脚地去摸索。如果在这样的环境中（近乎生存竞争）还能活得不错，积累5年左右的经验，他们对销售和营销的理解就非常深刻了，关键是普适性会非常强。

你也可以说这些"小销售"都是野路子，不规范，甚至有些做法上不得台面，但是他们是在实战中摸爬滚打出来的，在心态上就不惧怕陌生拜访，当然也就不惧怕拓展新市场和新业务了。他们太习惯被客户质疑和刁难的感觉，太熟悉怎样让客户了解自己的公司和产品了。

我们需要强调的是：大公司的销售并不是没有陌生拜访和破局的能力，而是缺乏陌生拜访和破局的经验和正确的心态（主要是实践机会少）。尤其是当这些销售人员被严格的绩效考核压着时，他们可能更不愿意去做陌生拜访和破局这样吃力不讨好的事情。

而从小公司锤打出来的销售员显得陌生拜访和破局能力强，往往是因为他们有3~5年的实战经验，而且有足够的销售业绩和带团队的经验支撑。如果只是东一榔头西一棒子地做项目，无论是客户关系还是销售业绩都没有积累，更没有带过团队，这样的销售员，就算现在能破局，将来也很可能会败局。

如果说小公司的销售模式适合做从0到1，大公司的销售模式则适合做从1到N。而我们对破局的定义，一定是从0到1，再到N，即从破局到跟进，再到持续的合作和发展，形成长期关系和良性生态。

前文提到了进行客户拜访之前需要做哪些准备，而为了陌生拜访和快速破局，还需要做一些针对性的准备工作，而且要对应该做什么烂熟于心。

在做陌生拜访时，尤其是对大客户的拜访，如果没有专人引荐，第一次拜访的"机会窗口"往往不会超过 5 分钟。你必须用这 5 分钟的时间完成以下事项：

（1）3 分钟完成公司介绍（我们是谁），并把公司材料及名片递给客户；

（2）1 分钟完成个人介绍（我是谁）；

（3）剩下 1 分钟用一个话题引起客户的兴趣，能把交流的窗口时间从 5 分钟拓展到 10 分钟甚至更久；

（4）给客户留下一个印象，并留下一个话题，方便下一次（更深入的）拜访和交流。

这看起来轻描淡写，其实从陌生拜访到常访是一个环环相扣的过程（见图 4-6）。接下来我们逐一分解。

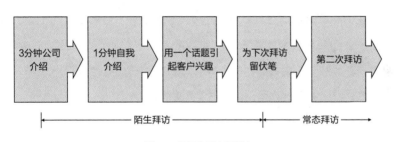

图 4-6　从陌生拜访到常访

三分钟公司介绍

一般人说话的语速是每分钟 100 字左右，3 分钟大约能讲 300 字。我们要用这 300 字完成对公司基本情况的介绍，并且能激起客户继续听的兴趣。一般来说，对公司的介绍内容主要包括公司全称、企业定位、专注行业、成立时间、总部地点、人数规模、近两年的销售额、行业地位、核心竞争力、样板工程等。

要把这些内容编辑成一段文字，并每年更新，企业销售人员必须对其烂熟于心，才能去一线跑销售。比如下面这个常见的公司介绍。

张总您好！我是深圳 W 科技有限公司的 A 省区域总监张清，这是我的名片。（递上名片）

W 公司是 2013 年成立的民营高科技企业，公司的主打产品是智慧灯杆解决方案。去年销售收入近 30 亿元，在全国同行中排名前十。公司员工有 120 人，其中 50 多人是研发和技术服务专家。公司总部和研发中心在深圳，在全国 12 个省市设有销售和技术支持部。

我们的主要客户是电信运营商、公安和城管部门。我们已经进入 ×× 运营商的全国采购短名单。×× 市、×× 市和 ×× 市的智慧灯杆项目都是我们做的。

我们公司的智慧灯杆解决方案的硬件、软件、控制系统都是自主研发的。我们的系统和业界主流的数据库、云平台都有对接成功的案例，我们产品的特点是能耗低、安装方便、环境适应性强。A 省气候干燥，冬冷夏热，而且春天风沙大，就非常需要这样的产品。

我们公司和产品具体的情况，在公司彩页上都有。请您过目。

思考：你能把这 3 分钟介绍的内容，缩短到一分钟吗？能缩短到 30 秒吗？

一分钟自我介绍

大约 100 字的自我介绍，主要是要围绕工作展开。

我是 W 公司的 A 省区域总监张清，我到 W 公司已经 6 年了。A 省的项目从销售到交付都是我在负责。W 公司在 A 省有 20 多个技术支持专家，可以全天候响应需求。去年我们在 A 省交付了 4000 万元的项目，工程验收还不错。

跟我一起来的王博士（递名片）是公司的技术专家，主要负责 A 省的技术支持工作。以后有技术方面的事情，王博士会全力配合。

一分钟核实客户情况

千万记得，陌生拜访只是之前没有见过面而已，不代表对客户一无所知，此时不是了解客户情况，而是核实客户情况。

了解客户情况和客户需求的工作应该在拜访之前就完成，而拜访是为了对客户情况和客户需求做核实和确认，为进一步的工作做铺垫。

在没有引荐人的情况下，陌生拜访就直接询问客户需求，不仅唐突，而且显得很不专业，因为客户没有义务告知你其需求。

如果已经和客户比较熟悉，互相已比较了解和认可，倒是可以当面咨询需求，甚至客户会主动跟你讲其需求。

比较典型的表达方式是这样的。

"现在各家企业都在做数字化改造，我们公司有非常成熟的案例和方案，有些客户还是你们的同行。听说你们现在也是省发改委要做数字化改造的十个重点企业之一，我们有没有机会配合一下你们的工作？"

"你们公司可是行业的领军企业啊，重点项目占据行业的半壁江山。但我前几天看新闻，在行业的节能减排优质榜上没看到你们公司，我们觉得不可思议，一直以为你们做得很不错。今天过来想了解一下，看有没有合作的机会。"

不要问客户"你们有什么需求"，而是要核实"我们对你们的需求理解得对不对"。客户有可能会就此展开话题，也有可能让你知道你理解得不对。但即使是被客户否定了，也比泛泛而谈好。

如果能证明自己之前的想法是错的，而且能找到原因，甚至能找到正确的路径，这也是一种成功。

意犹未尽，见好就收，让客户"惦记"

如果不是非常紧急的项目，又没有其他人为你引荐，初次拜访的时间不宜太长。

现在讲最重要的一点：怎样与客户建立长期关系？

要想与客户建立长期关系，不仅自己要惦记着客户，更要想办法让客户"惦记"你。

有些失败的拜访，表面上看起来也很成功，把想说的话都说给客户听了；而成功的拜访，总要留一部分话下次再说，而且最好是换不同的人（比如技术专家或公司高层）去说。

比如，你讲到你们的系统 1 年为 ×× 客户节省了 50% 的电费，此时你面前的客户可能会表现得很有兴趣（或者怀疑），你可以这样说：

"这个工程很有代表性，而且项目的具体情况也很复杂。正好负责这个项目交付的经理刘元元下周会过来出差，那个项目是他负责安装调试、验收签字的，如果你们方便，我可以带刘经理来汇报一下具体情况，如果你们能耗部门的专家能一起参与交流，我们的探讨会更深入一些，交流的效果也会更好。"

而下一次交流，往往就会引出更多的交流机会和项目机会。这样，你和这个客户的单点连接，就演变成你们公司和客户公司之间的多线条连接，甚至多面连接。

而你们和这个客户公司之间的关系，就不再是"陌生拜访"了，而是向着合作伙伴稳步发展。

4.6.3 小心技术专家搞砸了技术交流

某项目正在启动期，客户想深度了解我们的产品和方案。我们就从公司请到了一个大专家 Q 博士。

Q 博士在现场与客户聊得似乎也很不错，客户的技术骨干也都参与了交流，Q 博士把很多产品细节和功能都做了展示，甚至连底层算法都讲了，客户对 Q 博士非常佩服。

一个月后，项目的正式标书发布，标书上写的全是竞争对手的指标，甚至有些指标就是专门为了卡我们而设置的。可事已至此，这能怪谁呢？

国内某科研院所背景的设备制造商，前些年有"四大名嘴"，都是高校教师出身，特别会讲课，尤其是对技术和算法的阐述，深入浅出，特别适合对客户做新技术启蒙。

然后呢？很多竞争对手就是等这"四大名嘴"出现，他们到哪里对客户进行了"技术启蒙"，竞争对手就马上赶过去卖产品，而且同类产品的销售额和利润都是这个研究所的若干倍。气不气人？

问题出在哪里呢？

技术交流不是"技术的交流"，更不是炫技的交流，最终目的还是把产品卖出去。技术交流必须服务于项目，服务于整个公司的产品战略。我们不止一次地见到技术专家说话"刹不住车"的情况。

实际上，很多技术专家只是对自己所专注的那一部分非常了解，但对产品、项目乃至行业的全貌则知之甚少。很多时候他们并不知道在市场一线什么话该说，什么话不该说。

怎么办呢？

这就需要给技术专家配一个"行业专家"，让专家和行家相互配合，做好技术交流。

首先，不能离开项目情况去评判技术的优劣。对于某个具体的项目而言，没有绝对好的或不好的技术，只有合适与不合适的技术。

其次，交流的内容一定要有"时间感"和"空间感"，才能显得有格局。比如：

- 这个技术产生的时间和背景；

- 和它同类型的技术还有哪些？

- 它们各自的特点是什么？

- 我们为什么选择了这条技术路线？

- 为什么这条技术路线是最适合当前客户的？

- 这条技术路线的发展前景是什么？

　　……

最后，对于客户感兴趣的产品细节，可以讲，但不能全讲。

对于能完全体现优势的技术细节，要主动讲——"不打自招"；对于互有优势的技术细节，客户如果问就讲——"一打就招"；还有些不大方便"广而告之"的技术细节，可以留下客户的联系方式私聊，或者邀请客户到公司现场参观，然后再讲，因为你不知道客户的随口一问，你的随口一答，会不会对整个项目带来不利影响，那就"事缓则圆"。另外，还有些技术细节是必须拿到项目中标通知书之后才可以深入沟通的，前期沟通不仅意义不大，而且会偏离项目运作的主航道，给双方都带来迷惑。

所以，对于公司总结出来的产品"十大卖点"，何时该主动介绍，何时该有问必答，何时该慎重宣传，需要根据客户的具体需求和项目情况，由专家和行家共同把握（见图4-7）。

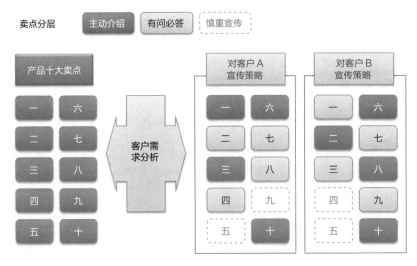

图 4-7　面对不同客户，不同的卖点分层

4.6.4 大客户高层技术拜访

关于怎样拜访大客户高层，怎样说服大客户高层，各种课程和书籍已经讲了很多，我们在这里不讲那些技巧，而是站在技术营销的角度分析怎样进行大客户高层的技术拜访，从而推动项目的进展。

解决方案销售的一个核心要诀，就是要找到真正有决策权的人，并且敢于接触他、影响他和征服他，快速切入决策。

拜访的胆气来自目标感

注意我这里用的是"胆气"，即胆量 + 气势。不仅要有胆量去见，而且见的时候要不输气势。

很多技术专家因为长期从事技术或科研工作，人际交流不多，如果突然让他们参与客户高层交流和拜访，往往会有"发挥失常"的情况。

他们见到客户高层时，可能表现得过于低微，不敢开口，或者过于亢奋，胡乱说话。

越是高层，时间越宝贵。见面之前一定要想清楚本次沟通的目标是什么。

真正的胆气，来自强烈的目标成就感。如果你觉得这个事情非常有必要做而且刻不容缓，时不我待，那么无论对方是谁，只要他的资源和权力范围对项目有用，你都有足够的胆气主动去联系，主动去见，甚至主动去"堵他"。

而站在客户高层的角度上看，只要你的要求合理，项目有价值，而且正好他能办到，对于他的工作还能"锦上添花"，那么他又何乐而不为呢？

很多人之所以显得"胆气很足"，是因为他们专注于"把事情做成"，而不"怕他对我有看法"。另外，见高层的经历多了，胆气就更足了，而且格局和眼界也更高了。这是一个典型的"正反馈循环"。

拜访的效果源自积累

很多客户高层只是在自己所辖范围内（单位内部）的事情上非常有高度和权威性，而对于自己管辖范围之外的信息了解并不多。他们其实也很想了解同行和竞争对手是怎么做的、市面上还有什么比较新鲜的思潮和方法论等。

而作为技术和解决方案的专家，如果你每次见客户高层都能提供新鲜的资讯和思潮，不仅对项目，而且对行业的发展方向有更宏观和深刻的理解，甚至能比对方多一个维度看问题，相信他一定会对你印象深刻，愿意和你有更多的交流。关键时候，这种交流可能会助他们一臂之力。所以有时候技术专家和客户高层的关系比销售经理还要好。聪明的销售经理，当然会很好地利用这一点。

有些曾经主导"35 岁退休"的公司，现在又在悄悄召回或招聘 45 岁以上的员工。因为他们发现在拓展一些高端行业市场的时候，太年轻了搞不定、靠人海战术也搞不定，只能靠经验。

瞄准客户高层的需求层次

需求是有层次的。我们的方案就要瞄准客户高层最关注的那个需求层次。

我们都知道，马斯洛需求层次理论的五大需求层次：生存的需求、安全的需求、社交的需求、尊重的需求和自我实现的需求。

客户高层不缺乏社交（甚至都是忙于社交），也不缺乏（被）尊重，他们需要的是安全感和自我实现。

怎样能够在确保安全的前提下做"自我实现、利国利民、名留青史"的事情，才是他们普遍关心的；"在确保安全的前提下，还能实现对方的梦想"，这样的方案才是高层最倾心的。

某企业要在他们的新建厂区设智慧园区系统。因为之前某国际公司的长期介入和引导，该企业高层对他们方案的认可度非常高。

我们见到该高层，对他说："我们的方案，所有的服务和大数据都是放在国内的云端数据库，而那家国际公司则要求客户的生产数据回传到他们海外的数据中心，这样会给生产安全和信息安全带来巨大的隐患。"（显然那家国际公司没有将这一点明确告知客户。）

只此一句话，便让该高层"心中一紧"，瞬间明白了我们帮他避开了多大的一个"坑"。而对于这个项目，无论那家国际公司再怎样努力，也不可能挽回了。

很多手握决策权的高层并不是技术专家，他们往往会从更高的维度考虑问题。他们对安全的需求是极其迫切的。所以谁的产品和方案更能符合信息安全和业务数据安全要求、更能让决策者们有安全感，他们就倾向于采用谁的产品和方案。

为客户高层决策提供依据

我们可以影响客户高层的决策，但是最终拍板权还是要交给客户高层。在确保安全的前提下，谁能让客户高层更方便决策，谁就能占得先机。我们要做的就是让客户高层更方便地进行决策。

所以，提交给客户高层的不能是单一的方案，也不能是长篇大论的方案，而是要有 2~3 个方案可以进行对比，而且要把对比的过程和结果清晰地表达出来。最好做一个项目方案分析表，例如针对某项目，制作了表 4-1 所示的项目方案分析表，并清晰地表达了分析结果：根据甲方的网络现状和业务发展，我们建议优先采用方案 3，其次采用方案 2，不推荐采用方案 1。

表 4-1　项目方案分析表

	方案描述	工程造价（元）	方案优势	方案劣势
方案 1	全网采用老设备	200 万	初期成本低	网络带宽较小，拓展性较差，3 年内仍需全网更换成新设备 由于带宽较小，不利于开发优质客户
方案 2	部分老设备＋部分新设备	300 万	初期成本适中	网络带宽受制于老设备，3 年内会全网升级成新设备，升级时会有业务安全隐患 带宽较小，不利于开发优质客户
方案 3	全网采用新设备	500 万	网络带宽是老设备的 10 倍。单位比特成本更低 预计 6 年内不需要全网改造，网络更加稳定 非常方便发展新用户，抢占大客户	初期总成本较高 由于是新设备，设备维护需要适应（赠送培训名额 2 人）

具体的分析过程，可以有更详细的阐述文件（往往是和客户方技术专家共同完成）。但是给客户高层汇报的时候，一定要有这样一张表，方便对方决策，如果对方问到了具体情况，再作具体汇报。

团队作战，分工合作，高效拜访

客户高层通常很忙，要约见一次可不容易，所以对大客户高层的拜访，往往是由几个团队成员共同完成的，这样做效果最好，效率最高。所以有的公司会打造项目运作"铁三角"，是非常有道理的。

尤其是比较大的关键项目，如果只有一个人去拜访客户高层，就显得非常草率。必须要把拜访团队规划好：谁谈技术、谁谈交付、谁谈商务、谁谈资金运作等，务必做好事前分工。

对一些比较重要的拜访，甚至还要做拜访前的演练，预设对方会问到什么方面的问题，安排由谁主答、谁补充。就像说相声一样，有逗哏，有捧哏。哪怕只是简单地点头附和，也会让拜访效果远远超过单人拜访。

而且，客户高层看到我们这么隆重拜访，也不好简单几句就打发走，会尽量把交流时间安排得长一些。

我们去拜访大客户高层，是去为他们解决问题的，不是去忽悠他们的。只要把这个理念把握好，见谁都能够就事论事，一般来说交流会很顺畅。

企业高层都是有想法的，想法是可以被引导的，而且只要方法得当，他们并不反感被引导，并乐于接受更好的方案。

4.6.5 危机处理："背锅"和道歉有诀窍

世界上没有永远不出问题的产品，世界上也没有从来不出问题的公司。很多现在看起来很"高大上"的产品和公司，刚开始做的产品也不尽如人意，甚至有的直到现在，依然如此。

优秀的公司不会避讳问题，而且善于利用每一次危机，甚至能因此获得更大的成功；而拙劣的公司，遇到产品问题和客户抱怨，避之唯恐不及，甚至和客户互相"拉黑"。

经过一番努力，公司的新产品终于获得了在客户处"试用"的机会，并且也安装成功了。但是庆功会刚刚开完，客户就反馈：你们的新产品试用效果达不到预期，而且还会偶尔掉线。

还有这事？公司立刻派技术专家前去现场检查原因，发现"我们公司的产品没问题，是客户的网络环境不稳定，误码过多，造成了系统的宕机和重启"。

你们就把这个原因反馈给客户，但客户负责网络环境的部门坚决否认这个"事实"，偏偏把"脏水"往你们公司的产品身上泼。

可想而知，这会造成怎样的后果。

产品安装好了，博弈才刚刚开始

我们很多次见到，公司的产品在客户处安装好了，但是因为各种问题而达不到预期效果，这个项目就"烂尾"了：客户关系僵了，尾款也收不回来，甚至公司和客户之间都不想再见面了。

这里有一个关键问题：产品使用效果不稳定，明明不是我们的错，要不要赔礼道歉？

其实，对于只要稍有市场敏锐度的老板，这个问题根本就不是问题：必须第一时间冲到一线去了解情况。毕竟是产品在新环境中的应用，不怕客户反映问题，就怕客户保持沉默。

如果确定是我们的问题，那就要真诚地道歉并快速解决问题；如果确定不是我们的问题，更要创造条件向客户"道歉"："不好意思，都怪我们之前没有表达清楚，造成了误会……"

有些人自以为不是自己的错就可以"硬杠"客户，甚至明知是自己的错，也因为解决不好问题而不敢去现场面对客户的问责，这都是不成熟的体现。

每获得一个客户，每进入一个市场，都是我们发展的"路标"，"如何让每一个客户都成为我们的口碑传播者"是企业的必修课。老客户的一句宣传顶得上我们自己的十句百句，而老客户的一句抱怨，会挡住我们十个百个新客户。

尤其是初创公司或新产品在新市场的突破时刻，无论产品使用效果怎样，一定要与客户保持长期接触，千万不要让买家变成仇家。

前提条件是：不能出严重影响客户业务的大错，而且出错之后要迅速补救，并能及时弥补和改善。

很多大公司的宣传资料中往往会出现其重大客户的身影，例如"用了××公司的产品之后，我们的能源消耗节省了37%""××公司的产品和服务非常好，确保了我们在双十一活动期间网络流量高峰时刻的系统安全稳定"。

这就是把每一个客户都变成了发展路标，甚至成为"同路人"的长期主义的做法。

学会做个聪明的"背锅侠"

因为客户自己的网络不稳定，造成了新装设备运行不稳定，客户又何尝不知道呢？只是他们不能背这个"锅"，只能让供应商来背。

如果你们经过评估认为与这个客户的关系还不错，而且后面还会有更多的项目可以运作，姑且帮他们背这个"锅"又有何妨？

客户的供应商有很多，他们不会轻易舍弃愿意主动帮他们"背锅"的那一个。毕竟，谁能保证自己工作永远不出错呢？

如果确定不是你们的错，而是你们竞争对手的设备故障引起的全网设备不稳定，那就要向客户明确说明。你们可以帮客户"背锅"，但不能帮竞争对手背。

有机会道歉，就有机会拓展

站在厂家的角度上来说，"挑剔的客户可能才是好客户"。优秀的企业从来不怕客户抱怨，就怕客户安安静静、客客气气。

当年在通信行业，很多国际大公司的设备的确是很"扎实"，因为用的都是国外早已成熟的技术，设备运行非常稳定，这些设备在通信运营商的机房里安装之后，可以长年不用维护，客户想见厂家的人一面都难；而国产设备因为都是新产品，总有些不太稳定，所以国内厂家的人经常在客户机房待着，听客户的各种抱怨，整体是"态度积极，改进及时，大事不犯，小事不断"，同时还能够把客户的抱怨回传给公司总部，马上对设备进行升级。

这样时间一长，国内厂家自然对客户的新需求了如指掌，启动新的项目时也就能掌握主动权了。

不管是不是你们产品的错，客户遇到不爽的事情总想第一时间找你们，你们的机会才会越来越多，业务才可能越做越大。

高段位的道歉是怎样的

如何让"对不起"产生最大的效益，是有方法的。

能说"对不起"的前提，一定是能用最快的速度先把问题解决或屏蔽掉，最好能让甲方有"虚惊一场"的感觉。然后，安排几位公司管理层进行客户拜访，一定要让客户觉得很郑重，最好是组成"赔礼道歉铁三角"（见图 4-8）。

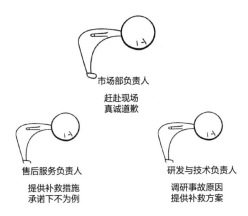

图 4-8　赔礼道歉铁三角

先由市场部负责人赔礼道歉，务必谦虚诚恳，但是又要立意深远；再由售后服务负责人讲述抢救过程和后期服务方案，承诺不会再次出现此故障，给客户吃定心丸；然后由研发与技术负责人进行"客户需求调研和事故反馈"，让客户觉得受到重视，并趁机向客户许诺提供补救方案。

但这就够了吗？远远不够，真正的大戏现在才刚开始。

一般这种沟通会，除了沟通事故的原因和处理结果，往往还会谈到些别的事情。因为看到你的市场、研发和售后服务的负责人都来了，客户也会有对应的负责人（比如王总）出席。在问题处理得当的前提下，王总可能会提出一些新的想法和需求，因为他平时能直接面对供方公司研发人员的机会也不多。

王总："小李啊，我觉得你们公司的设备能否增加这么几个功能？一是×××，二是×××。"

销售小李："嗯，好的，王总。正好今天我们公司的研发专家都在，我们一定会把您的需求落实到位。"

研发专家："是的，王总，我们回总部后会把您的想法尽快落地。"

一周后小李对王总的回访："王总您好！上次您提到的那个需求，公司非常重视，已经成立了专门的项目组跟进。"

一个月后的回访："王总您好，上次您提到的那个需求，我们正在抓紧时间开发，基础版本快出来了"

三个月后的回访："王总您好，上次您提到的那个需求，我们已经开发完成了，邀请您去总部考察交流一次，看看是否符合您的设想。"

"这个，我看时间安排吧。"

……

半年后的某个项目，甲方明确把该功能写入招标书，你的那些竞争对手一下就不知所措了。

如果能让客户感受到自己参与了产品的开发过程，那么你的产品就是他的产品，反对你就是反对他。如果能做到这一点，你还怕没有市场机会吗？

4.7 解决方案的互联网营销

此处的互联网营销，包括门户网站、微博营销、微信营销、微信公众号、短视频、各类直播平台等基于互联网的营销手段。

很多人有个普遍存在的困惑：面向政企客户（to B 或 to G）做解决方案销售的企业，到底要不要做互联网营销？那么多公司（包括竞争对手）都在做互联网营销，如果我们不做，会不会落伍？如果我们做互联网营销，那些营销套路好像与我们的企业文化不符，甚至会影响我们的品牌形象；或者做了一段时间的互联网营销，投入的成本和精力也不少，为什么达不到出"爆款"的效果呢？

4.7.1 to B 和 to C 技术营销的区别

关于这二者的销售模式差异，已经有很多的文章了，在此就不再赘述了。我们仅从技术营销的角度上来阐述。

在 to C 的销售模式中，你往往比客户专业，信息不对称。你可以用很多逼单的方法和话术让客户快速下单；而在 to B 和 to G 的销售模式中，客户比你更专业，你面对的客户是兼具专业性和权威性的"超级理性人"，典型的"高知高能"客户。尤其是重大项目，他们有非常规范的采购和决策流程，而且时间极其宝贵。他们对于那些营销套路和话术不仅敏感，而且非常反感。

为什么用做互联网营销的"套路"去做大客户解决方案销售，往往事与愿违，甚至还会砸了自己牌子，原因就在这里。

对这类"高知高能"客户，沟通应该力求信息直接，特点突出，让对方印象深刻、方便决策。

4.7.2 能不能做大客户互联网营销

答案是：可以做。但是千万不能盲目照搬 to C 的互联网营销模式和套路。

不做互联网营销并不可怕，毕竟依靠现有的客户关系也能活得不错；可怕的是还没想清楚就做了互联网营销，那就是把自己的优点和缺点都无限放大了，而且连挽回的余地都没有了。

4.7.3 解决方案互联网营销的要点

互联网营销的"七字诀"是专注、极致、口碑、快。而对于解决方案的互联网营销，需要对这"七字诀"作新的阐释（见图4-9）。

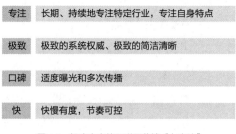

专注	长期、持续地专注特定行业，专注自身特点
极致	极致的系统权威、极致的简洁清晰
口碑	适度曝光和多次传播
快	快慢有度，节奏可控

图4-9　解决方案的互联网营销"七字诀"

长期、持续地专注特定行业，专注自身特点

解决方案的投入，少则三五年，长则数十年。那种每隔1~2年就换个方向的公司，肯定是得不到客户尊重的。有些公司的自我宣传，似乎最新的技术都有，热门行业都碰，其实这样就是在说"我们什么都做不了"。

如果你们是做产品的，就展示你们原创的产品和方案；如果你们是做集成的，就展示你们典型的集成项目；如果你们是做交付的，就展示你们交付成功的工程……

在市场上树立"有所为有所不为"的形象，比树立"包治百病"的形象要好得多，哪怕你们真的能包治百病。

极致的系统权威、极致的简洁清晰

前面说到，针对"高知高能"客户的沟通方式应该力求信息直接，特点突出，让对方印象深刻、方便决策。

所以品牌形象就应该是系统和权威，稍微"高冷"一点儿也无妨。因为"高知高能"型的客户，往往对同样"高知高能"的厂家和供应商感兴趣，而对那些花里胡哨、一味讨好的厂家和销售员兴趣索然甚至反感。

有些互联网营销号因喜欢"追热点"而频出爆款，但在解决方案营销上，对于"追热点"一定要慎重，除非你们的方案正好可以解决热点问题，否则一味追热点、追求爆款软文的营销行为，可能恰恰会有损你们品牌的权威性。

真正有实力的技术和方案，是有时间"穿透力"的，哪怕过几年再回头看，还是很有价值的。与其盲目追热点，不如静下心来打造这种具有时间穿透力的实力。而对于那些顶级公司，什么时候发布新产品，什么时候就是热点。

在表达方式上，一定要简洁清晰，切记"文不如数、数不如表、表不如图"。能用一张图、一张表表达清楚的产品性能，就不要用文字描述。

不要总是想着去教育客户，而要直接向客户展示，用了你们的方案到底能节省多少成本，或是能提高多少效率。要有具体的数字，最好是有权威的检测报告或前期用户证明。

有的企业写出的技术宣传文案像教材，甚至连公式推演过程都写得清清楚楚，这就太学术了，不利于市场推广。

口碑：适度曝光和多次传播

解决方案的互联网营销，很难出现爆款文案。在几乎不花营销费用的情况下，中小企业单篇公众号文案阅读量能保证在 2000 左右，偶尔能达到

5000～10000 已经非常了不起了。当然，视频的播放量可能会稍微高一点儿。

做解决方案的互联网营销，不能不关注阅读量或播放量，但也不能片面追求阅读量或播放量。需要关注的是"精准客户送达率"，比如你们发表了一个很关键的解决方案之后，要关注你们的现有客户和合作伙伴有多少阅读和观看的？你们的潜在客户和合作伙伴有多少阅读和观看的？你们的行业朋友有多少阅读和观看的？尤其是，有多少二次传播、多次传播的？在你们的文章发表半年甚至 1 年之后，还有多少阅读量？

其中一个非常关键的指标是，你们的现有客户和潜在客户有多少人转发了你们的公众号文章或企宣视频？这是对你们公司技术和品牌高度认可的体现。

快慢有度，节奏可控

如今，to C 类型的互联网营销强调"快"，但是解决方案的互联网营销讲究的是"节奏可控"。

解决方案的互联网营销就是用最快的方式做好充分的营销准备，在做好充分准备之前绝不盲动；而一旦准备充分，就要倾力而为，不给竞争对手任何反击的机会。

你看那些业界标杆企业的互联网营销，产品发布之后，各种软文、视频就铺天盖地地覆盖所有媒体，不留一点儿死角。其实在发布产品之前，他们用了大量的时间和精力做准备。正如《孙子兵法》所言："善守者藏于九地之下，善攻者动于九天之上，故能自保而全胜也。"

4.7.4 营销不要让客户感觉你在应付

互联网营销做得好当然是好，做得不好就会让客户明显感觉你是在应付。尤其是让不专业的团队做不专业的事情，这样的互联网营销方案简直是把公司的缺陷放大给全世界看。有些很明显的错误每天都在发生，公司却浑然不觉。比如下面这些错误。

解决方案 PPT 直接拷贝到公众号

这是最常见的错误。我们已经把解决方案的 PPT 完整复制到公众号上发表了，难道这个工作还不够吗？当然不够，远远不够！

大屏阅读和小屏阅读的体验，能一样吗？比如小屏阅读的场景下，每页显示的字数、字体和排版方式与大屏阅读是不一样的，如果读者看你们的公众号都眼睛疼，还怎么可能相信你们的产品是"为客户服务"的？

关于这一点，建议去看看那些业界的标杆企业，看看他们发布产品时同一个产品的 PPT 和互联网营销的文案有什么区别。

不关注阅读量或片面追求阅读量

很多做解决方案的公司的主体是技术专家，他们对互联网营销没有太多的感觉，往往认为"我的文章已经写了，在公众号上已经发了"，事情就结束了，或者会抱怨"为什么那些网络爆款文章动辄超过 10 万的阅读量，我们的公众号文章阅读量才 1000 多"。

这些都是不对的，我在前面已有阐述，解决方案的互联网营销，需要关注的是"精准客户送达率"。

文案和视频的场景性、故事性差

低劣的互联网营销体验是什么样的？公众号里的图片就是解决方案 PPT；公众号的文案像 PPT 的解说词；短视频的内容做得像 PPT 的讲解。

优秀的互联网营销体验是什么样的？公众号的图片是解决方案中某个细节的放大；公众号的文案是有温度的小故事；短视频的内容是特定场景下的用户体验。

比如我们是一家餐馆，我们的特色是做"世界上最好吃的荷包蛋"，那么我们的宣传图片上一定有荷包蛋的细节呈现；我们的文案可以写："在深圳奋斗了3年没回家，想念妈妈做的荷包蛋了，××餐馆的荷包蛋，就是妈妈的味道。"我们的短视频拍摄可以围绕为了做最好吃的荷包蛋，我们如何寻找最适合的蛋、挑选最适合的锅、调节最适合的火候以及甄选最健康的油和调料展开。

不关注社会热点，或者乱追热点

解决方案的互联网营销，不能不关注社会热点，也不能乱追热点；如果你们是专业的技术解决方案的公司，那些明星出轨之类的热点肯定要远离；但有些社会热点恰恰是你们能解决的痛点，比如以人脸识别技术打击人口买卖，以新型照明技术维护青少年视力健康等。

如果你们的预算有限，请不到那么专业的团队来做互联网营销，就要学会"拙能胜巧"，记得"有所为有所不为"。一般来说，公众号上能把以下内容写清楚就很不错了。

- **我们是谁**：规范而简洁的公司介绍；
- **我们做什么**：把产品和解决方案写清楚；
- **我们做得怎么样**：典型用户和典型案例；
- **我们现在的工作**：每周都有新闻或方案更新；
- **对外合作**：留下公司联系方式。

不多不少，恰到好处。有料也有留白！

第 五 章

解决方案销售中的PPT技巧

关于做 PPT 的技巧和方法，市面上已经有很多的书籍和课程了（推荐秋叶 PPT 系列课程）。我们并不想让技术营销人员陷入 PPT 中无法自拔，PPT 只是工具和手段，把项目做好才是最终目的，不能舍本逐末。

我们在此主要是对 PPT 做一个基本的认知上的对齐，可以让你迅速评估 PPT 是不是有价值、是不是对推动项目有帮助、有哪些可以改进的地方，而不是陷于 PPT 制作的细节中不停地内卷。

5.1 "PPT 做得好，升职加薪快"的底层原因

现在很多人都在抱怨，工作做得再好，也不如 PPT 做得好。

如果这只是个例，也许只是你运气不好；但如果这是一个普遍现象，尤其是在不同行业、不同区域，甚至不同国家都普遍存在的现象，那就要好好琢磨了：为什么 PPT 做得好就升职加薪快？

所谓 "PPT 做得好"，其实是这个人工作善抓重点、思路清晰、沟通能力强的具体表现。工作善抓重点、思路清晰、沟通能力强的人，本来就会升职加薪快。

PPT 的要点并不是那些炫酷的技巧，而是沟通的目的性、逻辑性、精

准性、表达的冲击力，以及互动和控场的技巧。如果一个人具备了这些能力，哪怕他不会做PPT，一样能快速升职加薪。

5.1.1 做PPT的目的

这个是要和公司高层或项目组长反复沟通确认的，可不能靠自己想象。这个反复沟通确认的过程，不就是参与了企业战略研讨或项目运作的讨论吗？

想想看，如果你能就PPT中的某些细节提出比较有深度的见解，并且可以和高层进行面对面的沟通，长此以往，水平想不提高都难。

而一个见到高层就紧张得说话都哆嗦的人，要么是没有自己的想法，要么是有自己的想法但不敢提、不会提，这样怎么可能做出好的PPT呢？更不可能抓住其他机会了。

如果某个人的PPT（或其他文案）可以把公司总裁的思路快速传达到每一个岗位，而且能让员工一看就懂，或者让客户一看就知道公司产品和解决方案的特点，这样的人，这样的能力，又岂止是"PPT做得好"？

5.1.2 PPT框架的逻辑性

每个人都知道PPT要有逻辑性，PPT的逻辑性分为大逻辑、中逻辑和小逻辑。其他的文案也类似，逻辑不是死的，而且是有机的。

大逻辑是PPT全篇的逻辑，是各节阐述内容之间的逻辑性；中逻辑是PPT页和页之间的起承转合，每一页和前几页、后几页之间的关系；而小逻辑是指每一页内容的逻辑，以及讲这一页时应该从哪里入手（见图5-1）。

图 5-1　PPT 的框架逻辑

做得好的 PPT，逻辑性是贯通全篇的。大逻辑、中逻辑和小逻辑都是顺畅的，整套 PPT 就像"弹簧"一样，可伸可缩。讲 1 小时也有内容可讲，讲 5 分钟也可以讲明白。

这种逻辑能力，对应着做项目、做企业，不就是把战略落地的能力吗？

把一个大的战略（大逻辑）分解成一个个具体路标（中逻辑），而且在具体路标之间，还能精准找到落地的点（小逻辑）。

具备这种逻辑性的人，怎么可能升职加薪不快呢？一大堆知名公司、一大群投资人都在寻找这样的人呢。

5.1.3 PPT 内容的层次性

PPT 的内容是要有层次的，不是把所有内容一股脑儿写上去，有的内容是写上去，有的内容则是要讲出来的。写的内容和讲的内容，往往并不一致。

真正的高手可以做到，凡是 PPT 上面已经有的内容就不用照着讲了，他们讲的都是这些内容的来龙去脉，是 PPT 没有呈现的内容。他们远不止是 PPT 的高手，他们本来就是项目运作的高手。

有的内容是"不打自招"，主动写在 PPT 上；

有的内容是"一打就招"，客户现场提问就照实回答；

有的内容是"慢慢地招"，客户现场提问可以不纠缠，私下里详细解答；

有的内容是"时机不到，打死也不能招"（见图 5-2）。

这是不是和前面做大客户拜访时的素材准备很像？

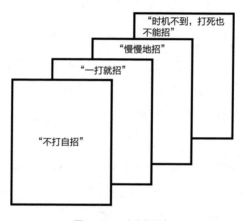

图 5-2　PPT 内容的层次

高手甚至在写 PPT 时就能预判客户看到这段内容会提什么问题，故意留个空间让客户提问。

5.1.4　千万不要只会写 PPT

千万不要只会写 PPT。

如果是自己的项目，当然最好是自己来写 PPT，因为自己对 PPT 的目的、逻辑最清楚。

如果是企业战略性的项目，那就一定要参与决策层的讨论，一定要深入项目组内部去了解情况，综合多方意见之后再写 PPT（或其他材料）。

如果是别人写好的东西，掐头去尾，也不介绍项目的详细情况，只是找你"美化"一下，那还是掂量一下吧。

如果你想学习项目运作甚至企业运作，倒是可以用"写 PPT"或"写材料"的身份参与具体的项目。这样能够近距离地了解那些大佬们的思路，而且还要临场抓住主要观点，会后输出 PPT 等材料，得到这些大佬的认可……

这样的工作，你学到的并不只是 PPT 的技能，而是企业运作的底层逻辑。

长此以往，谁还能说你只是一个"写 PPT 的"呢？

5.2 PPT 其实是个好工具

人类获得信息，80% 源于视觉，这是生物进化的结果。PPT 的一个根本作用，就是把信息尽量图片化、视觉化，从底层需求上讲，PPT 是完全符合人性的。

那为什么当今在很多地方（企业、政府、学校等），人们会讨厌 PPT 呢？那就是忘了 PPT 的基本出发点是什么，尤其是忘了 PPT 的全称是 Power Point。

为什么你的 Power Point 做不好？因为既没有 Power，又没有 Point ！

什么才叫作"Power Point"呢？

比如你要了解一个人，你可以看他的简历了解他的学习和工作经历，或者看他的体检报告了解他的健康状况……这些都可以使你了解一个人，但这些都不是"Power Point"。

真正的"Power Point"是"名校高才生""经验丰富"……对，就是贴"标签"！

很多人以为把"××解决方案的技术资料"大段地复制粘贴到PPT模板上就叫"做PPT"，其实不然。这样做，即便你把颜色、字体、风格设计得再漂亮，逻辑整理得再通顺，都不能称之为"做PPT"。

一套PPT，无论是10页还是100页，无论要讲5分钟还是要讲5小时，必须只有1~2个主要目的，并且能让客户记住3~4个主要观点就很成功了，这3~4个主要观点，就是上面讲到的"标签"。

5.2.1 做好 PPT 的第一大要诀就是突出关键"标签"

千万不要把什么内容都往 PPT 上堆砌，生怕客户没看到、没记住。

在做 PPT 之前，我们就要想清楚，到底要向客户传达什么信息，需要给我们公司、我们的产品贴上哪几个"标签"，才可以让客户印象深刻。

PPT 的所有内容都是围绕几个关键"标签"展开，这几个标签就是"Power Point"。在 PPT 的最后一页做个"交流总结"，再次强调一下这几个标签，给客户加深印象。

如果你们想向客户宣传解决方案的"安全性"，那就要将这个主题分解为单板的安全、设备的安全、网络的安全、信息的安全、零配件供应链的安全、备品备件库存的安全、维护和升级过程的安全、售后服务的安全……

如果想向客户宣传解决方案的低碳环保，就要阐述设备的生产过程如何低碳环保、设备的包装和运输如何低碳环保、设备的安装过程如何低碳环保、设备的运行如何低碳环保、设备的旧部件如何能有效回收……

客户很可能记不住每一个细节，他们能记住的就是："哇，这公司做事情是动真格的！"——这就足够了。

5.2.2　千万不要忘了听众的情绪

PPT 的作用，是提高人和人之间交流的质量，提升交流的效率。PPT 宣讲的关键点不是 PPT 本身，而是演讲者与听众之间的互动。

那么，你们在做 PPT 时有没有考虑过听众的情绪？

比如听众在看了这几页 PPT 之后，是思考，还是激动？是追悔，还是自得？

如果你们在做 PPT 时从来不考虑目标群体的情绪，而只是一味修改那些细枝末节的东西，效果肯定是不理想的。

有些纯技术交流的 PPT，在不得不讲产品和解决方案的技术细节时，往往会让非专业的听众昏昏欲睡。因此在阐述完一个技术细节时，最好马上插入一个故事或笑话，通过会心一笑舒缓现场情绪。

在谈到我们的"5G+ 港口解决方案"可以让用户进行远程操作塔吊时，可以说"过去在塔吊上工作，吃饭、上厕所都很麻烦，那么热的天，连水都不敢喝。现在在办公室里面吹着空调，动动鼠标，通过 5G 网络就可以实现远程操作，人就不用那么辛苦了"。

如果你们的 PPT 中不得不包含大段大段的产品介绍，那就记得放几张好看的图片上去，不要都是硬邦邦的产品图片或组网图。

我在写 PPT 的时候，不仅会把逻辑和秩序都调整到位，还要琢磨客户听到这段内容时的情绪变化，考虑是否需要在演讲时来个反转、讲个段子，加深他们的印象，或者把他们的思路拉回我的演讲主线上来。

5.2.3 PPT 必须服务于项目

PPT 是为项目服务的，也是为人的沟通服务的。PPT 应该是加强沟通的桥梁，而不是沟通的障碍。

那些讲 PPT 的高手，往往不用 PPT 也能讲得很好，因为他们早就把企业、产品和项目了然于心。PPT 只是其汇报的提示或者补充，真的就是"Power Point"！

PPT 被人厌烦，大多是因为做 PPT 的和讲 PPT 的不是同一个人。原则上，谁是项目经理，谁上台演讲，谁来给出 PPT 的框架并做 PPT 的最终审核。

最怕的就是管理者不给任何意见和建议（比如没有对这次交流的目的、汇报对象、汇报时长、汇报重点、大概的逻辑进行任何沟通），直接说"你们先做一稿，我来审核"。跟着这样的管理者，不仅辛苦，而且收益也不会多，这简直是职场"黑洞"——因为这个管理者自己的思路就不清楚。

我们学习 PPT 技巧的目的，就是要"知道"有这么一回事，以及炼就自己的"火眼金睛"。万一项目用得到，马上知道该怎样做或能安排人员做具体设计，而且也能很快判断出什么样的 PPT 叫作"做好"了，什么样的 PPT 叫作"没做好"。

除非你的工作就是美工、设计，否则你的 PPT 的水平能达到能分辨哪个做得好、哪个做得不好，能给美工提出修改意见，就已经足够了。

因为只有实打实地研发产品和做销售，才是创造利润的最佳途径。

5.3 五大常见场景的 PPT 构思和框架

前面我们说到，首先要搞清楚交流的目的，然后再开始写 PPT。哪怕是同样的产品和解决方案，因为场景不同、目的不同，PPT 的结构、逻辑、顺序和讲解的方式也不同。千万不能"一套模板包打天下"，那样只会给自己挖下无数的坑，而且连补救都无从下手。这里对五大常见场景的 PPT（见图 5-3）展开探讨。

图 5-3　五大常见场景的 PPT

5.3.1 用于广而告之，投石问路的 PPT

这类 PPT 往往用于大型展会、发布会、公开交流会、初次见面的客户交流，其主要目的就是广而告之、投石问路、细分客户、重点导流。

所谓广而告之，就是明确无误地告诉受众我们是谁？我们在做什么？我们做得怎么样？我们的优势是什么？我们准备做什么？这样的 PPT 在架构上可以这样安排：

（1）公司介绍（公司全称、公司规模、公司性质、近 2 年的经营情况、行业定位、发展历程、股权架构、公司资质、核心团队、组织架构、使命、愿景、公司的企业文化，等等）；

（2）产品和解决方案介绍（产品的图片、系统的界面）；

（3）核心专利、重要奖项、重要客户案例展示；

（4）公司的发展规划。

这类 PPT 的内容要保证可以广而告之，传播得越远越好，知道的人越多越好。就像在山顶树一面旗帜一样，能看到的人越多越好。这样才能吸引真正的客户走到近前交流。该扩大音量宣传的时候，千万不要含蓄。

这类 PPT 的篇幅在 25 页左右，尽量多讲结论、少讲细节，保持一定的神秘感，而细节交流应该有专门的 PPT 并由专家宣讲。

这类 PPT 的另一个重要作用就是挖掘客户需求。如果客户在听完汇报之后，没有提出有价值的问题，或者对 PPT 中的内容也没有质疑，就表明交流是无效的。

5.3.2 用于细节交流，针对性强的 PPT

原则上，这类 PPT 应该用于"广而告之"后就客户关心的问题进行深入探讨的交流。

客户关心技术细节，那就做技术细节的交流，比如阐述某个具体功能是怎么实现的，采用的芯片、算法、接口类型是怎样的等，只要不违反保密规定，在闭门会议中可以深入交流；客户关心交付能力，那就做交付方式的交流，比如成立联合交付工作组，分工明确，确定时间点；客户关心资金安全，那就对资金安全（包括各种项目的融资模式）问题进行详细讨论。

之前我们说过，解决方案包括六大模块，而不仅仅是技术解决方案。这六大模块都需要有做细节交流的准备。

客户可以不问，不要求，但是我们不能不准备。

5.3.3 用于向高层汇报，高举高打的 PPT

很多客户高层是不懂技术的，甚至对项目细节也不太清楚，但他们握有项目的决策权，和他们的交流，就需要让解决方案能匹配他们的格局和高度。关键点就是怎样用他们的语言讲好我们的故事。

很多客户高层的讲话，其实在客户网站上都查得到。把这些讲话中的"关键句"和"关键词"找出来，然后和我们的解决方案进行关联。这样可以令对方感到我们的解决方案就是帮其把讲话精神落地的。

没有谁会拒绝能帮他把讲话精神落地的方案。说不定他在体系内部受到了阻力，正在寻求外部力量的支撑呢。

其实很多客户高层也纠结，因为他们还要面对自己的上级。而把上级提出的思路落地更是一个巨大的挑战。

"高举高打"的诀窍，恰恰是如何把思路落地。

5.3.4 用于拓展渠道，开展合作的 PPT

厂家和渠道本来就具备合作的潜在需求，但是二者之间往往又"相生相克"，关键在于信任。如果双方互相信任，那就"相生"，往往能互相赋能，共同快速发展；如果双方缺乏信任，那就"相克"，往往会互相防备，甚至反目成仇。

建立信任关系的关键方必须是厂家。厂家需要做合适的自我展示，包括但不限于以下几点。

（1）到底做的是什么产品和解决方案？是否有专利保护？专利上的名称和厂家名称是否一致？（渠道原则上肯定是愿意同原厂打交道。）

（2）产品和解决方案的成熟度如何（有没有现成的案例）？渠道往

往愿意做成熟的产品，而不愿意成为试验品。

（3）有哪几种合作模式（代理、经销、贴牌、系统集成等）？这几种合作模式的交付方式、资金运作和分成模式是怎样的？

（4）这几种合作模式有没有详细的合作文件（合同文本）？合作文件上一定要约定好合作的范围（区域、行业、持续时间、工作分工等），千万记得要有所为有所不为。

这种渠道上的合作，没有必要藏着掖着，一开始就要把事情谈清楚。如果双方都觉得合适就签订合同并执行，如果有一方觉得不合适就不必强求。

一开始越是就事论事，后面的合作就越是简单。

5.3.5 用于企业融资的 PPT

用于融资的 PPT，往往是《商业计划书》的 PPT。这类 PPT 和公司广而告之的 PPT 框架很像，但是在财务预算和企业发展规划上有所加强。

（1）公司介绍（公司全称、公司规模、公司性质、近 2 年的经营情况、行业定位、发展历程、股权架构、公司资质、核心团队、组织架构、使命、愿景、公司的企业文化，等等）。

（2）产品和解决方案介绍（产品的图片、系统的界面），展示这个产品的成熟度。

（3）核心专利、重要奖项、重要客户案例展示。

（4）公司估值多少？准备融资多少？出让股份多少？资金用于什么地方？想达成什么目标？

（比如公司现在估值 1 亿元，融资 1000 万元，占股 10%。其中 300 万元用于招聘研发和市场人员，300 万元用于研发，400 万元用于市场拓展。用 1 年的时间，把公司的年销售额从 5000 万元做到 2 亿元，估值从 1 亿元做到 5 亿元。如果 1 年后达不到目标，愿意退回全部投资款。）

你可以不写 PPT，一旦把内容写上了 PPT，要么成为推动项目进展的利器，要么就会变成被竞争对手抓住的把柄。

5.4　成也模板，败也模板

很多人做 PPT 的第一件事情，就是到处找模板，尤其是那种炫酷的模板，结果却让这些炫酷的模板把自己的思维限制住了。

其实，越是 PPT 高手，越不会急于找模板。因为他们知道，越是简单的模板越好用。只要框架合理、逻辑通顺，就算不用模板，白底黑字地写，效果一样不错。

很多炫酷的 PPT 模板，对人的审美、排版、配色要求极高，作为一个以做项目为主的职场人士来说，专注于使用这样的 PPT 模板很容易偏离主业。

公司统一的汇报用 PPT 模板，比如年底各个部门的总结或研发团队做的年度工作汇报的统一模板，更要把模板设计得简单易用。模板色彩尽量以黑白灰为主，尽量让汇报人把精力投到对工作的阐述中，而不要让他们因细枝末节的问题感到无所适从。

有很多人擅长做事，不擅长做 PPT 汇报，所以更应该让 PPT 模板简洁实用。做 PPT 模板是为了提示，为了规范化，为了让交流更高效，而不是限制大家的思维。

有的 PPT 是为了让人看的，有的是为了演讲用的。为什么很多大企业用于演讲的 PPT 都是深色底？因为方便拍照！

5.5 做 PPT 常犯的十种错误

我们不建议在做 PPT 这件事情上"精益求精"，因为这样会带来内卷。这种做法不仅没必要，而且成本不可控，是典型的"边际效益递减"。

世界上没有完美的解决方案，也没有完美的 PPT。任何一套 PPT，哪怕是乔布斯演讲的 PPT，细究起来也会有很多瑕疵。所以做 PPT 一定要考虑边际效益，只要不犯基本错误、能达到交流的目的，这样的 PPT 就是好的。

做 PPT，只要能够避开以下这十种常犯的错误，就算基本合格了。

（1）PPT 的受众不清晰。不知道是给谁看的，不知道是讲给谁听的。

（2）PPT 的目的不清晰，或者目的太多、观点太多。一套 PPT，最多 2~3 个主要目的、5~7 个主要观点或概念，太多了客户就一个都记不住了。

（3）PPT 的逻辑不清晰。这包括整套 PPT 的大逻辑、每个章节的中逻辑和每页 PPT 的小逻辑。要回答清楚"为什么要写这一页，为什么要把这一页放在这个地方，这一页和前后几页的关系是什么"，凡是回答不清楚的，宁愿不写这一页。

（4）颜色太多、字体种类太多、动画太多。一套 PPT，原则上不超过 3 种颜色（黑白灰除外）、不超过 3 种字体（目录、标题、正文）、不超过 3 种动画效果。越是 PPT 高手越会"藏拙"，而初学者恰恰最喜欢炫技。

（5）有错别字。错别字是 PPT 中的"苍蝇"，一定要避免。

（6）疏密无度，节奏单一，缺乏温度。几乎每页 PPT 的内容都写得很满，没有留白，这样的 PPT 给人以压迫感。而优秀的 PPT 则会疏密相间，有写得很满的页面（比如全网解决方案），也会有留白但有冲击力的页面（比如关键观点、核心指标等）。

（7）有干货，无情绪。虽然"干货"是好东西，但如果全是干货，听众也会昏昏欲睡。好的 PPT 一定要能调动人的情绪。即使是在纯技术交流的 PPT 上，也要有人的笑脸表情图案。即使在技术讲解的 PPT 中没有"笑脸"，在应用案例的章节中，哪怕在 PPT 目录中，也要有"笑脸"。

（8）内容缺乏故事性、缺乏场景感、没有"梗"。故事要随着 PPT 的内容推进而讲解，增加听众印象。有些故事和"梗"是可以写在 PPT 上的；有的"梗"则是在演讲者的脑子里，根据现场的情况（比如大家情绪不高时）适时抛出来调动气氛的。这些布局，必须在做 PPT 时就考虑清楚。

（9）缺乏互动点。你的 PPT 留了几个互动点？30 分钟就能讲完的 PPT，可以在最后的环节互动。而超过 30 分钟的 PPT 演讲，一定要在讲解当中留几个互动点。因为成年人能够集中注意力的时长就是 20～25 分钟，超过这个时间，大脑就要"打岔儿"。及时互动能重新调动观众的情绪。

（10）前后缺乏对应，最后缺乏总结。你的 PPT 在交流的最后，有没有对主要观点进行总结陈词？也许你的 PPT 中列举了 5～7 个观点，客户往往最多只能记住 2～3 个，很可能是最后那 2～3 个。如果在交流的最后把主要观点再加以总结，就会给客户加深印象，方便接下来的现场互动。

如果你的 PPT 能避免这些常见的错误，基本上就可以拿得出手了。不要窝在办公室做 PPT 了，赶快出去见客户吧。

5.6 做 PPT 演讲的十大要点

以下几个非常重要的观点需要澄清。

- "PPT演讲"的关键字，首先是演，其次是讲，最后才是PPT。
- PPT演讲的核心是演讲者，而不是PPT。
- 应该让PPT为演讲者服务，而不是让演讲者为PPT服务。

前面提到了做PPT需要避免的十种错误，现在我们来谈谈做好PPT演讲的十大要点。能够做到这十个要点，演讲和交流效果基本就有保证了。

其实这十个要点不只适用于正式的PPT演讲，如果在日常沟通和交流中也做到这些，逐渐形成工作规范和习惯，个人和公司的品牌形象自然就树立起来了。

5.6.1 必须非常熟悉演讲内容，知识储备丰富

在正式演讲之前，演讲者必须将演讲用的PPT审视3遍以上，熟悉该PPT的逻辑和"爆点"。演讲者准备演讲的内容，也至少是PPT内容的3倍以上。PPT内容的关键词、关键句、关键的观点，都能够不看稿展开阐述，烂熟于心。

PPT不是一页一页讲的，而是一节一节讲的。一节往往包括好几页PPT，用好几页PPT阐述一个观点。演讲者一定要对暗藏于PPT中的"节"了然于胸，这样讲起来才能行云流水。

5.6.2 得体而舒适的衣着

演讲前要和主办方（或客户）沟通好，要不要穿正装打领带。穿正装打领带显得正式，但是现在也有很多人（包括客户）喜欢建立"不打领带"的合作关系，尤其是互联网企业。

太正式的着装可能会造成压迫感，使交流的思维受限；但如果听众穿得比较正式，那么演讲者就必须要穿得正式。

注意仪容仪表整洁大方，不要有奇装异服，不要有夸张的首饰，不要胡子拉碴。

5.6.3 站姿和亮相体现开放性和亲和力

很多演讲都设有演讲台，但是站在演讲台后面做汇报容易和观众有距离感。对于商务拓展性的演讲，建议站在演讲台外面，把全身展现给观众。政府工作报告或专业的学术交流，站在演讲台后面的居多，这样显得正式而权威。

现在很多"大牛"的演讲（主要是商业宣传类）都是不设演讲台的，这也是为了让演讲者和观众的心理距离更近，而且互动也更方便。

至于站姿，挺胸收腹是基本要求，你可以比较自然、放松，但是身体不能显得疲沓、懒散。平常还是要注意锻炼，身体和站姿还是要有力量感，这样才能激起观众对你们的信心。

5.6.4 有特色的开场白

能不能用 1 分钟就拿捏住全场，就看开场白了。同样一套 PPT，在不同的场景下，开场白是不同的。

有时候一场大型论坛会安排有 3 ~ 5 家公司上台演讲，每家 30 分钟。有没有设想过，如果你们被安排在第一个讲，开场白怎么讲？如果是安排在中间讲，开场白怎么讲？如果是安排在最后一个讲，开场白又该怎么讲？

有的公司非要抢在第一个讲，其实也没太大必要。有时后上台的演讲者，通过对前面演讲者发言的内容认同、质疑或补充，即兴发挥作为开场白，这样也往往能够马上把会场的气氛调动起来。

5.6.5 声音洪亮，语调抑扬顿挫，语气语速有变化

上台演讲时，声音越洪亮，气场就越足，演讲者就越放得开。说话时要做到语调抑扬顿挫，语气语速轻重缓急适当，如果总是用同一语速、同一语调交流，听众不仅抓不住重点，甚至容易昏昏欲睡。

可以学习脱口秀的表达方式和节奏感，看看他们是怎样把一个很简单平常的事情表达得那么精彩的。这一点在讲产品的应用案例时用得上。

5.6.6 身体语言和手势

前面提到，PPT演讲的关键，首先是演，其次是讲，最后才是PPT。身体语言和手势，就是"演"的关键要素。很多演讲者看起来在自然地踱步，其实他们在用身体语言调动观众的情绪。

如果演讲者没有手势，可能是他不够放松，显得呆板；如果演讲者的手势太多，又往往会分散听众的注意力。

平常训练的时候，可以拿一个教鞭，这样，你手上和身体上所有姿态都会放大。用录像记录下来，你会很快找到需要改进的地方。

电视上天气预报的播音员，是我们学习如何使用身体语言和手势的很好的榜样，稳重大气，又不呆板，我们可以学习他们是怎样把天气预报这么枯燥的内容讲得有滋有味的。

5.6.7 多抬头看观众，要有眼神交流

演讲者一定要多抬头看观众。在演讲过程中，60% 以上的时间应该是看观众的，要和观众有眼神交流，而千万不要一直对着 PPT 念。

我不建议 PPT 上的文字太多，也不建议准备 PPT 的演讲稿。这些都会让演讲者不自觉地去对着 PPT 念，或者对着稿子念，这样会让观众觉得被冷落了。

有些演讲高手，他们即使在做公开大型演讲时，也能通过眼神的交流让现场的每一位观众都觉得他是对自己一个人演讲。

5.6.8 不要急着翻页，要给观众留时间看 PPT

讲完每页 PPT 时不要急着翻页，而要适当给观众留些时间看 PPT。尤其是当 PPT 上的内容很多的时候，起码要给观众留几秒钟把 PPT 的大标题和关键词看清楚。

做 PPT 时，尽量不要搞长篇大论。如果必须写很多，那么关键词、关键字一定要醒目，让观众一眼就能辨别得出，而千万不要让观众去"找"关键词。

5.6.9 不要有口头禅、不要讲粗话

公开演讲时到底能不能有口头禅，这个有争议，没定论。因为有时候，合适的口头禅会增强客户的印象，但这对演讲者的要求太高，一般人驾驭不了。

至于说粗话脏话，公开演讲的时候肯定不能有。

5.6.10 控场高明，时间控制得当，避免现场冲突

有种"时间计算法"可以作为参考，比如平均每页 PPT 讲 1.5~2 分钟，如果是 60 分钟的演讲，就要准备 40 页左右的 PPT。如果考虑到演讲完了还有 5 分钟的互动交流时间，还需要再压缩 PPT 的篇幅。

当然也有些 PPT 演讲高手，仅 10 页的 PPT 也能讲一小时，而且全程状态极佳。那往往不是因为他们的 PPT 讲得好，而是他们本身的积累就很多，而且演讲技巧高超，无论有没有 PPT，都能讲得很精彩。

在条件允许的前提下，PPT 宣讲时还是要准备一个计时器，可以知道进度情况，但不能刻意地去看手表，这样显得太不专业了。会场也可以安排"剩余 3 分钟提醒""剩余 1 分钟提醒"的举牌服务。

在 PPT 的交流演讲中，要避免纠缠。除非是澄清谣言，或者简单几句话就能讲清楚的事情，对于现场突然提出的争议问题和细节问题，尽量安排会后交流，不要在会场上直接起冲突。

PPT 演讲技巧只是基本功，不能忽视它，也不能神化它，但是一定要了解它。因为很多项目拓展的技能是相通的。

作为一个职场人，往往没有大块的时间啃书本，要学会随时、随地、随人、随事地碎片化学习，把那些外部的技巧内化成自己的底层实力，夯实基本功。

5.7 三招让你上台演讲不紧张

无论是 PPT 演讲还是其他形式的演讲，很多人都会感到上台演讲很紧张。尤其是职场新人，年轻人，生怕上台说错一个字、说错一句话，于是就更加紧张。

首先，这个世界上就是有人真的很害怕当众讲话，尽管他们日常交流完全没问题，但是一上台就哆嗦；而有的人则是听众越多越兴奋，状态越好，私下里则是个"闷葫芦"。你可以说这是天赋，或者是性格使然。

其次，可以通过练习和学习一些临场技巧，让你上台不那么紧张，甚至越来越习惯上台讲话。

最后，这些技巧并不难，每个人都可以学会，而且可以现学现用。

5.7.1 第一招：充分准备，熟悉内容

即使是一个演讲高手，让其上台讲他完全不懂或不熟悉的内容，一定也是磕磕巴巴，状态全无。所以对演讲内容的熟悉是必须的，否则心里发虚，怎么可能讲出好的效果呢。

那什么样才叫"非常熟悉演讲内容"呢？以 PPT 演讲为例。

- **知识储备足够多**。前面提到过，你的相关知识储备至少是要讲的 PPT 内容的三倍以上。也就是说，你要能讲出三倍于 PPT "页面信息"的内容。如果连页面信息上的很多内容或关键词都解释不清楚，不紧张才怪！

- **演讲长度可伸缩**。毕竟你有至少三倍于"页面信息"的知识储备量。同样一套 30 页的 PPT，根据现场的情况进行安排，可以讲 20 分钟，也可以讲 2 小时，而且都能把关键点讲出来。讲 20 分钟不显得仓促，讲 2 小时也不显得拖沓。

- **顺序颠倒照样讲**。一套几十页的演讲 PPT，可以根据需求编排出几种不同的演讲顺序，比如是"总—分—总"模式还是"分—总—分"模式；是先介绍产品后介绍案例，还是先谈案例再谈产品……无论

怎么翻来覆去，整套 PPT 的大逻辑，每页 PPT 中的小逻辑都能完全自洽，毫无生硬感。

如果你对整套 PPT 的内容非常熟悉，了然于胸，你就会发现，哪怕你上台真的讲漏了甚至讲错了，听众也发现不了。那你还紧张什么呢？

5.7.2 第二招：事前演练，熟悉环境

任何人，突然走入一个大讲台，被台下几十甚至数百人盯着，都会有点儿发懵。

任何人，回到自己家里，也不会感到紧张和局促不安。为什么？因为他对环境非常熟悉。

所以很多演讲者会在演讲开始之前提前到场适应环境。比如今天下午 2 点开始的演讲，你可以早上就到场，然后站在台上的演讲位置体会一下演讲的氛围，调整一下 PPT、话筒、音响等。甚至可以不开话筒大声讲几句，一旦把嗓子喊开了，你就能放开了，这个场子就变成你的主场了。等到下午 2 点正式开始演讲时，你走上演讲台就像走进自己的家里一样——这个场子就是你的主场，还怕个啥？

5.7.3 第三招：提前到场，熟悉听众

如果下午 2 点开始演讲，现场不仅人很多，而且都是陌生人，连一个熟面孔都没有，给自己"助威"的同事和伙伴也不在现场，看着气氛就比较紧张，怎么办呢？

你可以提前 20 分钟到场，然后和先到场的听众"拉家常"，迅速建立熟悉感，比如可以聊他们是哪个单位的，为什么来听这次交流，对这

次交流有什么期待，重点想听哪些内容，等等。

这样做的好处是，一方面，你可以把这些信息当作"梗"放到演讲中；另一方面，万一你在演讲时感到紧张，就看看那些已经私聊过的听众，和他们稍做"眼神交流"，微微点头，这样可以马上缓解紧张情绪。

从底层逻辑上来说，绝大多数演讲中的紧张源自"不熟悉"，包括不熟悉演讲内容、不熟悉环境、不熟悉听众。那就用反复的训练和积累，让自己拥有能"快速熟悉"的能力，到哪都是主场，到哪都不紧张。

5.8 怎样公开点评竞争对手

有一种很常见的情况，就是如何在公开场合恰当点评竞争对手。比如你刚做完了一次技术和产品交流的演讲，在互动提问环节，有人站起来问你："你们的主要竞争对手 ××，他们的产品怎么样？跟你们比孰优孰劣？"而伴随着这类问题的，往往还有旁边人的"坏笑"。他们最喜欢看"戏"了。

如果你只知道一味"自吹自擂"，在客户面前的公信力一定会受损。提问者问出这样的问题，可能出于不同的目的，比如：

（1）提问者是个技术控，单纯想了解你们和对手之间的对比；

（2）提问者是竞争对手派来听讲的"卧底"，想看看你们的打击话术，他们也好做准备；

（3）提问者手头有项目在运作，你和竞争对手都在抢这个项目。提问者作为甲方，正好可以借此机会施压，增加谈判筹码。

你们和竞争对手之间，无论在企业实力还是产品实力上，都有所差别。可能你强他弱，也有可能他强你弱，或者处于伯仲之间，正在打拉锯战。

如果你只一味攻击竞争对手，哪怕你们的实力的确比对方强，过于强势的表达也往往会让客户反感，反而可能会激起他们"保护弱者"的同情心。

而如果你们的产品还没那么强，甚至还比竞争对手弱，这种偏激的攻击会让客户觉得你们"嘴尖皮厚腹中空"，极大地影响企业品牌和个人公信力。

那么在公开场合遇到这种情况，应该如何应对呢？

5.8.1 立足于提供"更合适的解决方案"

原则上，要尽量避免和竞争对手进行产品指标上的对比，除非自己的产品指标的确明显优于竞争对手，而且成本还不算太高。

有品牌和有品质的企业，只会说"我们更懂客户，能提供更合适的方案"。

哪怕你有 10 个性能指标都比对手强，也只需要拿出那么 2~3 个客户最关注的指标在方案中重点体现，用以"精准打击"即可——让客户认为你们的方案是为他们"私人订制"的。

如果你们的实力比对手弱就更要如此。

你们大可以承认竞争对手在某些指标上的确很强，但这些性能并非客户现在的刚需，而你们的方案，不仅能节省客户投资，而且有可拓展性，为将来的新功能（其实就是现在暂时用不着或实现不了的功能）预留了标准接口，能伴随客户共同成长。

我见过一些经典的弱势品牌和强势品牌竞争的话术，比如"我承认 A 公司的产品比我们的好，但我们的也能用，而且更便宜""让我们占有一定的市场份额，A 公司会对你们更好"。

这就是摸准了客户的心理：想用 A 公司的产品，又怕 A 公司拿了全部份额之后服务质量下降，所以需要找 B 品牌制衡。

5.8.2 对常见的产品功能可以主动帮对手宣传

有些产品营销高手，不仅能宣传自己的产品，甚至在宣传某些产品功能时会主动说"除了我们，×× 和 ×× 公司的产品也能实现这个功能"。

有些功能本来就是常规配置，并不能体现自己的优势，不如就说大家都有。有的客户喜欢在一些细枝末节上钻牛角尖，在一些我们的非优势项目上刨根问底，如果我们说"各家的产品都具备这个功能"，也可以尽快摆脱纠缠，把交流拉回到能体现自己优势的方面。

尽量避免技术上的"单刀突进"

有的公司新推出的产品功能的确很厉害，堪称独门绝技，见人就想宣传。这样也好，也不好。

在技术和功能上的突破，最能体现公司品牌和积累，但陷入技术和功能上的孤芳自赏，而罔顾市场运作节奏和客户需求，也是绝对不可取的。

在很多行业，尤其是涉及电力、石化等对安全性要求极高的行业，对新技术的应用往往比较"保守"，原则上不会采购仅有一个厂家能提供的"独门绝技"型产品，必须是有好几个厂家都能提供的产品技术才会考虑采用，除非你们的新产品功能的确能解决客户的燃眉之急。

有时候，我们开发出新的技术和产品要做宣传时，要看看客户的需求和竞争对手的情况。最好的情况是：客户有需求，我们和竞争对手都开发出了某新产品，并且都已经在宣传，而我们的产品性能又正好比竞争对手领先那么一点儿。

一味追求技术上的"单刀突进"，很可能就变成你们费尽心力做蛋糕，而别人来分蛋糕了。

5.8.3 对手有"杀手级"的新产品，怎么办

有时候，竞争对手真的推出了"杀手级"的新产品，比你们公司的产品强很多，而且他们在大力宣传，怎么办？

比如有客户问"××公司的新产品很强大啊，跟你们的产品比怎么样？"

如果那种产品还没有被投入使用，这种情况最容易回答："的确看到他们在到处宣传，但还没见到他们在哪里应用过。"

如果该产品真的有应用案例，那就对客户说"他们现有的案例与你们的应用环境不同，你们的环境要求更高、业务更丰富、处于关键节点，可不能当试验场……"（顺便再夸夸客户）。

这样的回答攻击竞争对手了吗？我们都是在实话实说，而且意思已经传达到位了。我们尊重了客户和竞争对手，同时也维护了自己的体面。

5.9 PPT宣讲的五层境界

你相信吗？明明是你从头到尾写的PPT，有的高手不仅拿去就能讲，而且比你这个原作者讲得还要精彩得多。

讲PPT是最基础的基本功，几乎每个营销人员都要学习。很多公司要求，只有把企业宣传和产品宣传的PPT练熟了，内训过关，才能出去

与客户交流。

其实讲 PPT 是有五层境界的（见图 5-4），内训过关只是达到了第二层而已，能做到第三层，至少也是个公司骨干了。

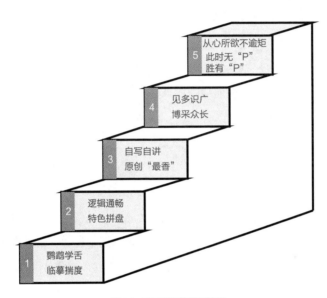

图 5-4　PPT 宣讲的五层境界

5.9.1 第一层：鹦鹉学舌，临摹揣度

公司准备一套 30 页左右的 PPT 供新员工练习，PPT 的内容包括企业介绍、方案介绍、产品细节介绍等，把每页讲述的标准文字和逻辑通通写出来，让员工讲解。

作为员工，你需要知道和熟悉每页 PPT 的内涵和讲解话术，可以进行标准化讲解，在讲解时能做到声音洪亮清晰、表情自然、眼神到位、站姿规范，能回答简单的互动提问。

这就像是一个临摹习字的过程——先把笔画练好、把字体构架搭好。

在这一层境界里，你是用仰视的视角看待这些 PPT 的，生怕错过了每一页上的每一个细节。

5.9.2 第二层：逻辑通畅，特色拼盘

这个时候，可以有针对性地输出一些 PPT 了。之前公司的那些"标准 PPT"只是你的素材库而已，你可以根据项目的需求和你的目的，从这些素材库中选取自己需要的内容，根据项目情况和逻辑，自行编辑和排序。

偶尔你也会觉得公司的素材不够"炫酷"，或者和项目情况相差较大，以至于你不得不自己写一部分内容放到交流 PPT 中。

这时的 PPT 就像一个大拼盘，但是逻辑主干是畅通的，应付一般的技术交流或与客户交流足够了。这时，你可以用平视的视角看待公司的 PPT 了，你知道 PPT 上内容的轻重缓急，知道哪些内容是可讲可不讲的。

5.9.3 第三层：自写自讲，原创"最香"

此时你已经不能忍受公司现有的那些 PPT 素材了，不是太干就是太虚，对项目的深层交流或与客户高层交流都起不到作用。在时间允许的前提下，你开始原创 PPT，穿插一些公司现成的标准 PPT 素材。

因为你就是项目的操盘手，对整个项目情况都了然于胸，而 PPT 只是承载手段而已，你知道应该讲什么，不能讲什么。这时，你可以用俯视的视角看待公司的 PPT 了，因为你的认知高度和深度已经超越 PPT 本身，你熟知每一页 PPT 背后的内容，凡是 PPT 上有的文字，就不用再念一遍了，只讲 PPT 上所没有的内容。

此时你自己做的 PPT 就会进入公司的 PPT 素材库变成标准模板，而你的表达逻辑和话术也会成为公司的培训素材。这时的你和公司之间已经达到共生共赢、共同发展的关系了。

5.9.4 第四层：见多识广，博采众长

此时你不仅了解公司的产品和方案，对友商的产品和方案也很了解，经常去参加一些高端论坛，和业界权威"谈笑风生"。有时候发现行业权威或友商的提法很有特色，一样可以借鉴，或者现学现用。这时你看到的已经不再局限于某个具体的项目，而是行业前景和产品战略了。

你的认知维度已经远超过一套 PPT 了，所以只要是行业内的 PPT，你基本上拿来就能讲，而且比原作者讲得还好。对于你来说，已经可以"俯视"业内的 PPT 了，你只用很短时间就可以洞察刚拿到手的 PPT 的内涵，同时用你的积累给这套 PPT 赋能，讲出 PPT 本身没达到的深度和广度。这时你就像打通了任督二脉，学什么"武功"都快。

5.9.5 第五层：从心所欲不逾矩，此时无"P"胜有"P"

因为对行业和产业足够熟悉，对产品、技术、公司战略了如指掌，此时交流已经不再局限于 PPT 了，甚至不用展示 PPT，也能把产品、公司、行业讲得清楚明白。达到这一层境界的 PPT 演讲，看似随心所欲，其实逻辑清晰，要点明确，深入浅出，谈笑间就能把事情讲清楚。

你有没有跟着公司的最高层去见过大客户？他是不是对着 PPT 自话自说也能把客户讲得服服帖帖，压根儿就没用你们的常用话术，甚至完

全无视 PPT 的存在？因为对于他来说，整套方案早已成竹在胸，即使没有 PPT，他也同样能做好交流。（当然，前提是要达到交流的效果，实现战略目的。）

因为他早已把行业前瞻、竞争格局、企业平台、产品方案、逻辑和话术……通通内化于心，看似轻描淡写，实则举重若轻，重点、伏笔、层次都恰到好处。从心所欲不逾矩，此时无"P"胜有"P"，谈笑间便可征服听众，进而影响行业走向——这才是合格的领导者。

其实，"讲 PPT"这个说法本身就不准确。要讲的是方案本身，PPT只是展示的载体，演讲者才是主角。演讲者的修炼比 PPT 重要得多，必须能跳出 PPT 来讲 PPT。如果思路总是限于 PPT 的内容和展示方式，那么你不仅讲不好 PPT，更做不好方案和项目。

叁 人才成长篇

第 六 章

技术营销人员的素质和要求

6.1 为什么称职的技术营销那么难得

技术营销（售前技术支持）恐怕是最难招聘的岗位之一，因为这个岗位对个人的素质要求不仅高，而且"杂"，甚至有些素质是相互矛盾的，很难在一个人身上综合体现。

如果是招聘研发岗位，主要就是对专业技术的考核；如果是招聘销售岗位，那就是对销售能力的评估。这些岗位的能力画像比较清晰，而且维度相对单一。技术营销岗位则不同，这是一个典型的复合型素质岗位。

首先，他要懂专业技术、懂行业发展的方向、懂客户的需求；其次，他的沟通和表达能力要很强（技术型人才往往表达和沟通能力偏弱），要有一定的市场意识和销售功底，还得具备一定的产品战略和市场战略能力；最后，他的个人形象和亲和力也要不错，就算不是外貌出众，至少不能让人反感或令人敬而远之。

那么，假设现在真有这么一个人，懂技术、沟通能力强、懂销售，而且个人形象好、亲和力佳，如何才能吸引他去你们公司应聘技术营销岗位呢？

这就牵扯出一个至关重要的，而且往往会被人忽视的要点：企业文化。

这个候选人是否认可你们公司的企业文化？他是否愿意把公司的事情当成自己的事情，愿意为公司的发展付出自己的所有能力？

如果这个人以上四点都满足，他的定位就不能只是一个售前技术支持或解决方案销售人员了，而是要成为公司的合伙人。真正的技术营销高手，本身就应该是公司的合伙人。

但是，技术营销素质的培养不是一蹴而就的，而是循序渐进的，是有章可循的。在本章，我们会把技术营销人才的素质从关键素质、知识储备、工作技能、思想意识四个方面进行阐述（见图 6-1）。

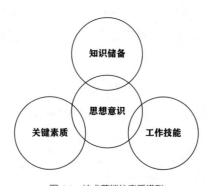

图 6-1　技术营销的素质模型

6.2　从小售前到大售前

很多公司都有"售前技术支持"这个岗位。我们把这类岗位称为"小售前"。在很多人眼里，这个岗位既没有销售压力，也不承担产品开发任务，只是做做 PPT、写写标书和解决方案，做做技术交流等，似乎可有可无，甚至就是转岗销售的"预备岗位"。但是，一旦把这个岗位撤掉，公司的市场销售和产品开发就没法正常进行，尤其是技术型销售。

与此同时，在售前技术支持岗位上工作的人（售前工程师、售前专家）也很苦恼。因为这种工作对他们的要求很高，既要懂技术，又要懂市场，还要会沟通和协调。他们必须和多个部门打交道，有时候也要直接面对客户（这一点极其重要）。而且，售前岗位的工作成果是"附着"在其他部门的工作成果上的，所以售前工程师不像销售明星和研发专家那样"耀眼"。久而久之，售前工程师难免产生职业疲劳，要么转岗做市场销售，要么直接离职。其实他们的转岗和离职对公司的运作会产生不小的损失。

最好的办法是让他们实现从"小售前"到"大售前"的转化（见图6-2）。

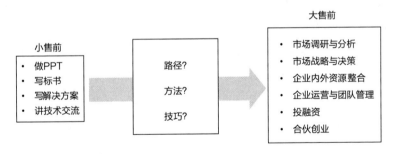

图 6-2　从小售前到大售前的转化

此处我们所说的"大售前"，除了要具备"小售前"的那些基本技能，还要学会做市场调研与分析、市场战略与决策、企业内外资源整合、企业运营与团队管理、投融资、合伙创业，等等。这可以看作是给"售前技术支持"岗位更大的职业发展空间。业界常说的"解决方案销售"，对应的就是"大售前"。

从另一方面来说，很多技术型创业者在从技术专家转型为企业家时，他们的很多工作就很像"大售前"的岗位，需要通过各种运作和资源整合，打通"技术—售前—销售—交付"的全流程。

6.3 技术营销的关键素质是敏锐

不少人以为只有性格外向（话多）的人才能做营销，性格内向（话少）的人做不了这个工作。其实他们压根儿就把判断的标准搞错了。

比如，很多技术型创业团队好不容易把产品做出来，想招聘几个"性格外向"的销售员去拓展市场。但是，新招聘来的销售员和原有团队的匹配度很差，沟通时经常鸡同鸭讲，大大影响了产品推广的效果，浪费了时间和机会窗口，最后往往不欢而散。

很多人都没搞清楚，做营销的关键素质并不是性格外向，而是敏锐。做技术营销尤其如此。

很多深藏不露的营销高手，表面上性格内向，言语不多，却在项目运作的关键时刻不手软，一击而中，这样的情况数不胜数。

而很多销售人员看起来非常活泼，性格开朗，能言善辩，但他们有时会在关键场合搞砸项目，恰恰也是因为"话多"。

在市场一线，话太多真的是弊大于利，尤其是在 to B 和 to G 销售中，很多高价值的客户对那些"要么不说话，每说必能说在要处"的供应商更有信任感。他们要的不是"表演型的奉承"，而是"这个供应商真的懂我的需求"。

首先要澄清，我说的是敏锐，而不是敏感。

太敏感的人，虽然很容易与别人共情，但是也做不了营销，因为他们的思维和情绪容易被别人影响，而忘了自己的目的是把产品卖出去。

敏锐的人，不仅清楚地知道客户的需求和感受，更知道自己的目的，所以他们在关键时刻定得住，不手软。

敏锐分为很多种：有人对数字敏锐，有人对文字敏锐，有人对人际关系敏锐……在营销过程中，这些特质都非常重要，只是需要用在不同的地方。我简单举几个例子。

6.3.1 对数字敏锐的人

对数字敏锐的人，他们能从极其枯燥繁多的网络销售数据和社交数据中发现市场的潜在机会，并且可以马上采取营销动作，迅速跟进和做大，甚至能催生出几个"独角兽"。这样的人大量存在于互联网营销企业。

很多财务经理对数字也很敏锐。他们可以通过客户（上市公司）公开发布的财报判断这个公司的经营状况，并且判断出该公司有哪些很现实的需求。让这样的人去面对上市公司，只需要讲清楚"用了我们的产品和方案之后，能让你们的市值增加至少30%"，客户焉能不心动？

6.3.2 对文字敏锐的人

因为政府的公文的行文风格，都很正统且权威，内涵丰富，需要做系统、专业的解读和挖掘。那些关键信息就隐藏其中。对文字敏锐的人，可以从政府或客户公开发布的最新文件中发现蛛丝马迹，从而判断行业发展的趋势或客户的重要动向。在需要做宏观经济研究的企业中（比如基金、证券等公司），就需要找这样的能解读公文并能把握要点的人才，能够提前感知、分析和预判趋势，从而掌握先机。

还有一些人，对于文字和受众心理非常有研究，他们输出的广告营销素材能用最简单直白的语言把公司和产品宣传出去，让人过目不忘，起到寥寥几字胜过千言万语的作用。

6.3.3 对人际关系敏锐的人

对人际关系敏锐的人，哪怕只是和新认识的几个客户聊过几次，也可以挖掘很多有价值的信息，不仅如此，这样的人还知道需要对不同性格类型的客户采用不同的沟通方式实现自己的销售目的。在做 to B 或 to G 项目的公司中，销售人员必须具备这种素质。

所以，如果你们公司需要建设营销团队，不能简单地以"性格外向、沟通能力强"的标准招聘营销人员，而是首先要搞清楚，你们到底是在什么行业、面对什么样的客户、做什么样的营销动作，然后才是人才画像——我们需要对什么敏锐的人才？

从另一个角度讲，连自己对什么比较敏锐都说不清楚的人，一定不会是一个优秀的营销人员。

如果你们是一个纯技术人员组成的团队，在需要进行营销活动的时候，应尽量先从团队内部挖潜，挖掘团队内部具备某种"营销素质"的人（往往是最主要的合伙人之一），然后从外部给其配备素质互补的营销搭档，而不要直接从外部招聘一个"营销高手"统领营销全局。

所以，如果你们要招聘或内聘营销人才的话，不能只看其性格是外向还是内向，更要看其具备哪些方面"敏锐"的素质。这些素质有的是天生的，有的则是长期训练获得的。这样的人才并不在少数，但是需要很好的眼光去发掘和培养。

在很多优秀的公司，这样有某种特质的人才成千上万。公司通过建立有效的管理和激励机制，让这些各具优势的人才能够互相配合，做到真正的"立体营销"，所以这些公司才能够"不做营销则已，一做则宣传铺天盖地、品牌顶天立地"。

6.4 技术营销所需的六大知识储备

有些人会认为，技术营销（售前技术支持）不就是把产品技术搞清楚，会给客户做演示就行了吗？其实这还远远不够。

要做好技术营销，必须要有六大知识储备，分别是企业认知、技术认知、产品认知、行业认知、项目经验、他山之石（见图 6-3）。

图 6-3　做好技术营销所需的六大知识储备

6.4.1 企业认知

技术营销人员首先要搞清楚自己公司是干什么的。在聊产品和技术之前，要先做好公司介绍，让客户对公司有比较清晰的认知。

如果不能让客户在 3 分钟之内了解公司的基本情况，别人是没有兴趣继续听你聊产品和技术的。在前文"对大客户的陌生拜访和破局之道"部分，我们讨论了几种常见场景下做公司介绍的方法，在这里，需要强调一下企业文化，因为企业文化不仅是企业的灵魂，也是产品和解决方案的灵魂。

如果你们公司的企业文化是"以客户为中心"，那么在产品和解决方案的汇报中，就要强调公司的产品和解决方案是如何"以客户为中心"的，以及股东和员工为此付出了哪些努力；如果你们公司的企业文化是"均衡、可持续发展"，那么在产品和解决方案的汇报中，就要强调公司的产品和解决方案是如何"均衡、可持续发展"的，以及为此做出了哪些效率或短期利润上的让步。

其实那些优秀的公司和普通的公司写出的企业文化大同小异，唯一的区别是，那些优秀的公司把企业文化真正地融入每一个产品、每一个解决方案和每一次项目运作中去了，而且还能长期坚持。

6.4.2 技术认知

作为技术营销专家，你的技术认知必须是"源于技术，高于技术"，知其然，也要知其所以然。

你不仅要很懂这个技术，还要了解这个技术的发展历程和发展方向。同时，你也要知道和这个技术类似的其他技术的发展情况。

所谓说话有格局，是指有时间感和空间感。

任何一项技术都有其发展的脉络和机遇，而且技术往往不是单独出现的，而是类似的技术几乎同时出现，比如 3G 时代的 WCDMA、CDMA2000 和 TDS-CDMA；比如窄带通信的 NB-IoT 和 LoRa 技术；比如苹果的 iOS 系统和谷歌的安卓系统；新能源汽车的纯电模式、混动模式、增程式、氢能汽车……

企业的资源是有限的，没有任何一个公司会把行业的所有技术全部覆盖，把各种技术路径都试一遍，企业的技术发展路径必须有所取舍，而且取舍一定要有判断标准。作为技术营销专家，你要能站在技术发展、行业发展、公司战略的高度阐述公司对技术路径选择的考虑。

6.4.3 产品认知

产品的本质，是其创造者对人性需求理解的综合体现。要对产品有准确的认知，必须对其使用者的需求有足够的认知。

很多技术专家之所以在事业和职业发展上陷入瓶颈，往往不是对技术和产品的理解不够，而是对人性和需求的理解不够，其典型表现就是"远离人性聊技术，忽视需求谈产品"。

所以，对产品的认知不能局限于产品及其功能本身。

首先，你要知道公司产品的设计理念：产品是面向什么样的用户群设计的，产品的定位是什么，公司为什么要做这款产品？想一想：QQ（手机 QQ）和微信都是腾讯公司推出的社交产品，都有数亿用户，这二者之间有什么区别？腾讯在其 QQ 产品已做得如此成功的情况下，为什么还要做微信？

其次，你要非常清楚公司产品的组成和功能，而且能做现场功能演示，能把产品的关键功能、关键界面讲清楚。让不懂产品的销售人员去见客户，无论在哪个公司都是一场灾难。

最后，你要知道竞争对手产品的组成和功能的情况，与之相比，自己公司产品的优劣势是什么？

世界上没有完美的技术，也没有完美的产品，在具体的项目中，产品和技术只有合适与不合适之分，没有绝对的优劣之别。对技术和产品的认知中必须把握这一点，而且要能清晰地传递给客户。

6.4.4 行业认知

行业认知包括对行业发展的认知、对行业生态的认知、对竞争对手和合作伙伴的认知。不仅要知道行业的发展史，更要对行业的发展方向有自己的判断和认知，而不能人云亦云。

你应该很清楚行业的生态构成，比如上下游企业、同行（伙伴、友商和对手）、系统集成商、客户，甚至客户的客户、上游企业的上游、客户的竞争对手、上游企业的竞争对手……除了要了解他们的产品和技术情况，还要知道他们的经营情况、商业模式、资本运作模式，如果行业生态伙伴有上市公司的话，还要知道他们最近的股价走势如何，在做什么题材……这些都要了然于胸。

6.4.5 项目经验

项目经验的获得没有别的技巧，就是躬身入局、日积月累。你不仅要有好的、成功项目的经验，也要有很多差的、失败项目的经验，缺一不可。

很多在大公司平台上很"成功"的人，自己创业运作项目却做得一塌糊涂，就是因为他们之前的经验都是基于大平台的，而自己没有搭建平台的经验，缺乏在泥巴地里面摸爬滚打的历练。

对于优势型项目，要学会化小胜为大胜，从局部胜利走向全局胜利；对于拉锯型的项目，要学会在复杂的局势中生存和发展，合纵连横；而对于劣势型的项目，要学会尽全力去争取胜利，即使败局已定，也要学会合理收尾，所谓"善败者不亡"。只要能保存实力、维持住底线，就有可能等到翻盘的那天。

6.4.6 他山之石

即使你是做大客户技术营销的（to B 和 to G），很多面向个人用户（to C）的技巧也要了解；即使你是以做线下销售为主的，对线上销售的套路也要清楚；即使你明明是做面对面销售的，对网络直播和短视频的玩法也要能说出个大概，甚至自己也可以"触网"开播……

现代社会变化非常快，任何人都不能保证靠手上现有的技能吃一辈子"饭"，任何公司也不敢保证同一套商业模式能包打天下，因此在平时就要了解非常多的知识领域和商业形态。

有些名人或企业转型做网络直播带货，而且做得很成功，这是这些名人主播在长期的学习和工作中日积月累的结果。

6.5 技术营销经理所需的六项工作技能

一个合格的技术营销经理，他必备的工作技能至少包括以下六项（见图 6-4）。

图 6-4　技术营销经理所需的六项工作技能

6.5.1 配置报价

能够根据客户或标书的需求、项目的进展、公司产品的特点、竞争对手的情况，合理输出产品配置和报价。

哪怕是相同的产品、相同的配置，在不同的项目中、在项目的不同阶段，报价策略也不一样；在直销和分销（代理商、经销商）等不同的销售模式中，报价策略也不一样。

好的配置报价，应该是"攻守兼备"。

所谓攻，就是配置报价既能满足客户需求、体现己方优势，又能打击对手的痛点。

所谓守，就是配置报价要守住项目运作的底线，不能给自己"挖坑"，如果项目成功了，配置报价也能保证合理的利润。

一个优秀的技术营销人员，在做每一项配置时都要琢磨为什么要配某项功能；这项功能能够给客户带来什么好处；竞争对手的对应配置是怎么样的、成本如何；怎样体现自己的优势、弱化竞争对手的优势。既要能从配置报价单中充分展示自身优势，也要能从客户需求和招标书中看出有哪些竞争对手"做过工作"。

6.5.2 市场拓展

作为技术营销专家，产品的拓展、项目的拓展也是必备的基本功。

虽然技术营销不是专职的销售人员，但对市场拓展的方法也是应该了解和掌握的。只有这样，才能够和客户、销售团队、交付团队、公司战略层建立更紧密的互动关系，而且随时可以顶上去，成为项目经理。

每支足球队都有前锋，前锋的主要任务就是进球。但是没有任何球队会规定"只有前锋能射门"。而且那些"排兵布阵"良好的球队，除了前锋之外，中场球员，哪怕是后卫也可以攻到前场射门，形成立体进攻的战术，多点开花，这样才会让对手防不胜防。

有些超强球队采用"无锋阵"，不设专门的前锋，其实是除了门将，人人都可以是前锋，人人都可以射门，甚至人人射门技术都不错，这真是"无锋胜有锋"。

这就像在很多卓越的公司，人人都可以是项目经理一样。

作为技术营销专家，到底应该做"懂销售的技术员"，还是应该做"懂技术的销售员"，我们会在后面专门阐述。

6.5.3　需求反馈

所谓需求反馈，不仅仅是能够复述和转达客户反馈的"需求"，还要学会分析和判断需求。我们不能无视客户的需求，也不能被客户需求牵着鼻子跑。

客户是有需求的，需求是会变化的，变化是可以被引导的。我们应怎样影响和引导客户的需求呢？

在分析客户需求时，一定要多问自己几个为什么，而不能只看客户表面的意思，因为你往往会遇到以下几种情况：

客户不知道自己的需求，需要别人来建议；

客户有需求，但是有意无意地掩饰了，或者就是不愿意告诉我们；

客户知道自己的需求，也愿意告诉我们，但是没有表达清楚；

客户把自己的真实需求表达清楚了，但我们的理解出现偏差。

一个高明的需求反馈，不只是要复述客户需求的表达，更要讲清楚客户是在什么样的情况下说出那些"需求"的，比如行业变化、人事变化、工作变化、家庭变化等。

6.5.4　投标运作

你可以在一个陌生的地方或行业快速组织并完成一次投标运作（标

书制作规范、报价不跑偏、不被废标）吗？

你可以自己独立完成一份标书制作并投标吗？

进入新行业、新区域时，"一投即中"的可能性很低。你们可以通过几次运作，迅速找到关键的"突破点"并站住脚吗？

作为一个技术营销高手，这些都是基本功。很多创业者都是制作标书的高手，他们可以同时运作几个项目，而且标书做得又快又好。他们创业时，大多没有专门的投标人员，只能自己一点儿一点儿琢磨。

6.5.5 营销资料

作为一个优秀的技术营销专家，必须要有撰写、整理和评判企业各类营销资料的能力，而且一出手就要切中要害。这样的人应该成为公司输出各种营销资料的总架构师，其掌握的营销资料包括但不限于：公司介绍图册或企业宣传 PPT（能提供素材支持），产品和解决方案图册或 PPT，企业网站或营销小程序（能提供素材支持），企业宣传短视频或直播的策划（能提供素材支持），产品和技术方案建议书（模板），企业展会营销素材（能提供素材支持），配置报价（模板），投标的标书（模板），企业各类资质、产品的用户报告，等等。

你是否发现，当你在做一件事情时，对其他所有事情都有推动。比如你在准备企业宣传 PPT 的时候，其实网络营销的思路、网站的建设架构、短视频的素材、企业展会的易拉宝和展板的设计等，也都开始变得清晰了。

6.5.6 办公工具

"工欲善其事，必先利其器。"现在有非常多的办公工具可以提高我们的办公效率，"能让机器做的事，就不要浪费人脑"。

很多营销高手同时也是各种工具软件使用的"大牛"。而因为各类工具用得好，又使他们节省出时间和精力思考和运作更高层次的事情。

比如 Excel 工具，它除了用于统计和计算，还可以提供配置报价、商务分析、市场分析、利润把控、销售管理、财务协作等非常多的工作辅助。

再比如 Word 工具，只要 Word 玩得好，你制作标书就是比别人快、比别人好。这样，你就可以用节省出的时间"和客户喝咖啡"。

至于 PPT 工具，更是做市场拓展的利器，我们之前已经对此讨论过很多了。

还有各种销售管理软件、库存管理软件、客户关系管理软件、公司的办公自动化（OA）系统等，都需要快速掌握，把工具的操作和项目的运作形成闭环，互相促进。

现在，企业家和技术专家直接面对镜头的机会越来越多，他们都在"打造人设"。摄影、剪辑、短视频的制作、配音、直播等营销技巧，作为技术营销专家，你能说对这些一点都不懂吗？

顶级的营销专家，不仅手上的技能丰富多样，而且永远让别人猜不到他会使用哪一套技能。

6.6 技术营销所需的六类思想意识

6.6.1 换位思考，服务客户

技术营销的工作，必须站在"为客户服务"的角度上进行，即我们的方案到底能给客户带来什么价值，能否满足客户的实际刚需，是否方便工程交付，能否让客户有更好的体验，我们的方案能否进一步优化，等等。

只有当你学会了站在客户的角度考虑问题，才算是一个真正的技术营销人员。

客户说你好，未见得是真的好；客户愿意为你的产品和服务买单，那才是真的好。

6.6.2 自我定位，责任担当

你到底是一个"写售前技术方案"的，还是"项目组成员"或公司的管理层？

你是对技术方案负责，对项目的成功负责，还是对公司的持续发展负责？

如果一个人把自己定位为"写技术方案的"，随着时间的推移，他不仅会感到工作越来越枯燥乏味，而且他的思维会越来越封闭。因为他自己把了解更多项目信息、客户信息、行业信息和公司战略发展信息的通道给封闭了，只能通过加班和重复劳动寻找在工作中的存在感，职业发展陷入"自内卷"。

人的发展就像放风筝：风筝飞得越高，人就越轻松，而且风筝也越不容易掉下来。风筝飞得低时，人就得不停地跑，因为人一停风筝就会掉下来。越是在高处，风越大（资源越多）；而在低处，不仅风小，而且风向还乱。

怎样把风筝放高呢？一要会看风向（大势所趋），二要有足够长的线（积累），三要会根据风向一边跑一边放线（努力的方向和工作技巧），三者缺一不可。

责任心强的人，看起来好像操的心更多，其实这也意味着他们的职业发展空间更大，而且从长期看，工作更轻松，收益更大。只要你总能把老板的事业当成自己的事业干，终有一天你会成就自己的事业。

如果你总是认为"这是公司的事，把手头的事情做好能交差就行了"，那么你永远只能做低水平的重复劳动，不仅累，而且成效还低。

6.6.3 成功导向，迎难而上

成功不仅是一种状态，更是一种气质。是那种打不烂、打不垮、永远追求胜利的气质；是那种哪怕一个项目失败了，也能马上投入下一个项目的气质。

哪怕是世界上最强的球队，状态也会有起伏，偶尔也会输球，但是他们能做到"输球不输阵"，哪怕场面再被动，运气再差，他们也会战斗到终场哨响，即使输球，他们也可以快速调整状态，而不会连输多场，甚至直接放弃。

作为项目组成员，作为公司发展的"骨干"，在面对项目的压力、公司发展的压力、行业竞争的压力、大环境变化的压力，甚至在面对项目组和公司动荡时，你是否做了什么事情去挽回战局，继续争取成功？

这个世界上想搭便车的人很多，能够搭到便车的人也很多。但只有那种真正全情投入的人，才会是笑到最后的人。

6.6.4 洞察力强，以终为始

技术营销专家一定要对产品和未来有足够的想象力和创造力，并且能坚信和践行。如果你连自己都说服不了，怎样去说服别人呢？

从战略上来说，你可以预测 5 年后，甚至 10 年后的行业状况，并由此反推现在应该做什么；从战术上来说，你可以在项目的开始阶段预判项目的走势和结局，并且提前做好准备。

技术营销专家应该对产品和方案有一种信仰，而不在乎一时一地的得失。比如，智能手机一定会取代功能手机，新能源汽车一定会取代传统燃油汽车，互联网教育一定会改变传统教育，等等。这些行业变化有的已经是既成事实，有的还在博弈，但你必须坚定地相信大势所趋。

6.6.5 团队意识，开放共享

有没有团队意识，是否愿意开放共享资源，应该是营销岗位的"一票否决"项。对那些总想把各种资源握在手里不放，总是盯着自己的一亩三分地的人，无论是什么原因，从一开始就不能把他们放在营销岗位上。这一点十分重要。

杰出的组织非常注意开放性建设，尤其是团队成员之间的互动，他们会把技术资料的整理、解决方案的输出、市场调研和分析、客户需求的把握、客户关系动态、行业的动向等工作成果和信息及时或定期（比如每个月）分享。

他们会经常开项目分析会和总结会，而且还能做到"项目成功开批评会，项目失败开表彰会"。项目成功了，反思有哪些地方做得还不够成功，有哪些地方的成功是偶然因素。因为项目成功了，所以在分析不足时大家的心态还更开放些。

项目失败了，要看看在前期项目策划中，谁的判断是对的。比如在某个项目的启动阶段，员工甲认为竞争对手是 A 厂家，员工乙认为是 B 厂家，项目组普遍认为甲说得对，都把 A 作为打击对象，结果是 B 厂家中标。这个时候，虽然项目组要受罚，但是员工乙应该得到奖励。如果连续几个项目，员工乙的判断都是准确的，他就应该作为公司的储备管理人员被好好培养。

只有建立这样的机制，整个组织才能有活力，信息的交流才能顺畅。

6.6.6 避免短视，持续发展

技术营销经理的一个很重要的功能，就是让企业避免不合理的短期行为。

我们要承认，所谓的"短期行为"必有其存在的道理，企业不能不顾利润，只靠愿景生存；但如果企业一味追求利润而采取短期行为，企业的发展空间是极其有限的，而且很容易形成内卷。

如果说销售是让企业今天和明天"有饭吃"，那么技术营销就是让企业明年和更长时间内持续稳定地"有饭吃"，这两者不能顾此失彼。那些伟大的企业，往往能在二者之间找到动态的平衡点。

技术营销专家不仅要有开阔的思想意识，还要有落地执行的能力。

在思想意识上，技术营销团队要具备以下 6 类思想意识：换位思考，服务客户；自我定位，责任担当；成功导向，迎难而上；洞察力强，以终为始；团队意识，开放共享；避免短视，持续发展（见图 6-5）。

图 6-5 技术营销团队要具备的 6 类思想意识

在组织上，技术营销的责任人不应该只是某个人，而应是一个团队。

因为你很难把这么多的知识、技能和思想意识集中在同一个人身上，只能依靠一个团队完成技术营销工作。

所以技术营销专家，必须是一个优秀的管理者。他必须能根据企业战略制定具体的技术营销策略，同时可以根据企业和项目情况进行合理的工作分工，配备合适的人才。他所带领的团队，不仅能与企业共同发展，而且能让每个团队成员得到成长。

也只有搭建起强大的技术营销团队，企业战略层才有时间和精力去思考和判断更宏大的事情，而不会陷入具体的项目无法自拔。

第 七 章

技术营销的职业发展和规划

7.1 职业定位：做懂销售的技术员，还是懂技术的销售员

技术营销人员（售前技术支持），到底是懂销售的技术员，还是懂技术的销售员？这在不同的公司，甚至在同一公司的不同业务部门，都有所差异，有时即使是同一公司的同一部门，如果部门负责人换了，这个定位也会发生变化。这一点非常重要，可能会影响你 5 年甚至更久的职业发展。

比较常见的情况是，如果部门管理者是技术人员出身，可能会把技术营销人员定义成"懂销售的技术员"，会盯着部门员工"加强对产品知识的学习"；如果部门管理者是销售人员出身，可能会把技术营销人员定义成"懂技术的销售员"，盯着员工去说服关键客户，至少要说服"主管技术的甲方副总以及总工程师"。

售前技术支持这个岗位的职责画像比较"模糊"，不像市场销售或技术研发岗位那样有很明确的职责。

正如前面所提到的，作为技术营销专家，既要懂产品和技术，又要懂市场分析和销售技巧，同时还要兼具亲和力及沟通和表达能力。这三

者在同一个人身上综合体现是比较难得的，所以售前技术支持这个岗位的成长期会比较长。

在售前技术支持这个岗位上，你本身就历练和积累了大量的"老板"素质，你必须在岗位上完成自我的"进化"，而不只是"进步"。

售前技术支持的职业定位绝不只是"懂技术的销售员"或"懂销售的技术员"，而应该是公司合伙人。你要打造的是综合实力，而不只是核心竞争力。

从企业管理者的角度说，如果想让售前技术支持"大牛"能够安心留在公司打拼，就得靠"发展机会＋企业文化＋激励措施"共同完成。

有很多做售前技术支持的朋友可能会质疑：我是做售前技术支持的，做好技术交流，保证投标的技术排名第一就行了，为什么还要做客户关系？

请记住：在多数情况下，技术排名第一，不是因为产品技术好，而是因为客户关系好。

关于售前技术支持的职业规划，发展路径，怎样从售前技术支持工程师成长为企业合伙人、行业领袖，是有一整套方法的，也是有成体系的职业发展路径的。

接下来我们要探讨的，是在技术营销岗位上，从一个职场"小白"向行业"大牛"进阶的修炼方式，包括每个岗位的知识、技能、项目积累和绩效要点四部分。

7.2 营销助理：善于提问就是好苗子

在职场上，所有人都是从"小白"成长起来的，但有的人即使是在作为"小白"时，也能明显看得出是个好苗子。而无论在什么岗位，好苗子的一个共同特点就是善于提问，或者善于求助。

我说的是善于提问，不是胡乱提问。一个有灵气的新员工，在遇到问题时知道自己先要试着找答案，如果自己找不到答案，或者找到的答案不能让自己满意，他知道去问谁、问什么、何时问、怎么问、为什么问，在得到答案之后，他可以举一反三，而且事后有反馈。

现在互联网这么发达，各种搜索引擎和专业交流网站那么多，凡是在网上一搜就能找到答案的知识，就不要劳烦问人了。如果网上真的找不到满意的答案，那就要找人请教和求助了。

- **知道去问谁**。知道什么问题（比如产品技术问题、行政审批问题、人事调动问题、出差和报销问题、个人职业发展问题……）应该请教谁，说明这个员工了解公司的组织和分工。
- **知道问什么**。对问题的定义很清楚，可以几句话问在点子上，废话少，毕竟提问和求助也会耗费别人的时间。
- **知道何时问**。没有人会时刻准备回答你的问题，所以你要知道提问的时机，是在工作时、休息时，还是吃饭喝茶时……
- **知道怎样问**。知道让对方回答一个选择题（我应该这样做，还是那样做）、判断题（我想这么做，对不对），还是论述题（我要做什么工作，有没有需要注意的地方）。
- **知道为什么问**。知道这个问题背后的问题，往往是很多个问题的"交汇点"，一通则百通。
- **事后有反馈**。得到建议之后，会不会举一反三？尤其是过几天之后能不能主动反馈"谢谢您上次的建议，我那个事情做得……"。其实很多愿意给你建议的人，也想得知自己的建议是否管用，你的如实反馈对他来说也是帮助和提升的机会。

这些压根儿就不是什么沟通技巧的问题，而是做事情动不动脑子的问题。

以上是对所有岗位的新员工的基本要求。而针对产品营销部门的售前岗位，对产品营销助理又有一些具体的岗位要求（见图 7-1）。

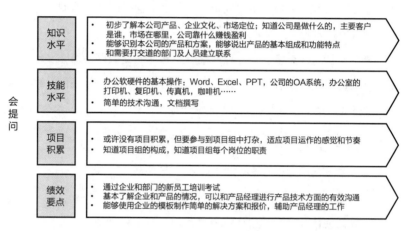

图 7-1 对产品营销助理的岗位要求

在职场上，"学习"是一件做得说不得的事情，最怕新员工说"我是来学习的"，因为从进入公司的第一天起，你的任务就是创造价值。对所有知识技能的学习都是为了创造价值，不能为了学习而学习。学习的事情，要么下班回家后自己"加餐"，要么就回学校去。战斗已经打响了，不能在战场上还要学习怎样开枪，你的目标只能是获得胜利。

7.3 营销工程师：搬有用的砖，干有效的活

虽然大家都在调侃自己的工作就是"搬砖"的，但同样是"搬砖"，做事思路不一样，效果就大不一样。

有很多工作技巧，如果掌握得好，工作就会越来越顺手；如果掌握

得不好，就会越来越痛苦，尤其是当工作量增加时，没有掌握工作技巧，只能疲于奔命，还没有效果。

很多重复性的、机械性的工作，完全可以交给计算机完成，从而把人脑解放出来做更有意义和价值的工作。

过去做市场销售管理的时候，经常会统计各种数据做报表。比如统计不同产品在同一个区域的销售情况，或者统计相同产品在不同区域的销售情况。一到季度末或年末，各种报表满天飞，基层销售不堪其烦。

而 Excel 表格有几个功能（数据透视表、vlookup 函数等）就是专门干这个的。只要日常把各类数据按照要求的格式输入，各种报表可以很快输出，根本不会占用人工。现在很多公司都有在线销售管理和库存管理系统软件，更是越快掌握越好。

软件工具掌握好了，别人用一整天时间才能做出的标书和报价清单，你花半天时间就做出来了，省出的半天时间，你就可以从从容容地约重要客户吃饭了。

必须特别强调的是，这些都只是办公的工具，熟练掌握工具的目的是让你能快速把活干好之后，可以腾出时间和精力去搞定项目，而不是让自己成为 PPT 高手或 Excel 高手。

所以，哪怕是一个最基层的工程师，也要有这个理念：把个人最主要的资源（时间和精力）安排给最重要的事情。能协调资源做的事情就协调资源做，能用机器做的事情就用机器做，人脑是用于创造性的复杂劳动的。

与此同时，你还要尝试另一种工作方式：向周边管理、向上管理，也就是把你的同事、你的周边部门，尤其是把你的领导也作为资源进行管理和协调。当然，你也必须能为他们提供工作上的帮助和支持，而不能单方面地"利用"他们。

作为一个产品营销工程师，需要达到的岗位要求如下（见图 7-2）。

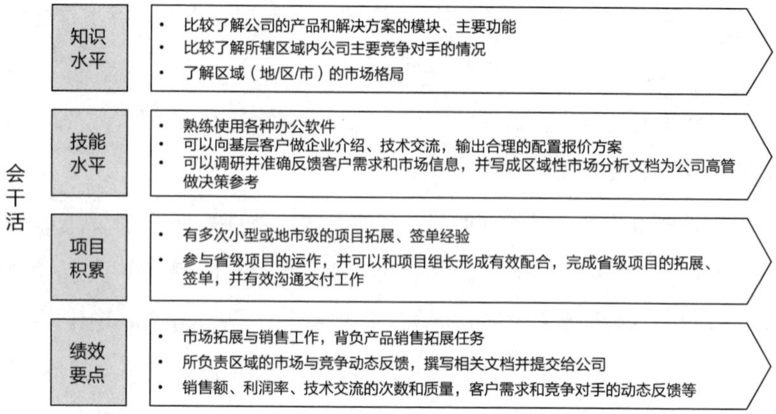

会干活	知识水平	· 比较了解公司的产品和解决方案的模块、主要功能 · 比较了解所辖区域内公司主要竞争对手的情况 · 了解区域（地/区/市）的市场格局
	技能水平	· 熟练使用各种办公软件 · 可以向基层客户做企业介绍、技术交流，输出合理的配置报价方案 · 可以调研并准确反馈客户需求和市场信息，并写成区域性市场分析文档为公司高管做决策参考
	项目积累	· 有多次小型或地市级的项目拓展、签单经验 · 参与省级项目的运作，并可以和项目组长形成有效配合，完成省级项目的拓展、签单，并有效沟通交付工作
	绩效要点	· 市场拓展与销售工作，背负产品销售拓展任务 · 所负责区域的市场与竞争动态反馈，撰写相关文档并提交给公司 · 销售额、利润率、技术交流的次数和质量，客户需求和竞争对手的动态反馈等

图 7-2　对产品营销工程师的岗位要求

那些成长快的员工，无不是管理自己的资源、周边资源和上级资源的"小能手"。也只有这样，才能不局限于手头的工作，除了埋头"搬砖"，也能抬头看路。

做好基层工程师，要开始建立管理思维。

7.4　营销经理：做有执行力的基层管理者

会干活和会执行，是两码事。如果不明白这句话，可能一辈子都在"底层"干活，而且还愤愤不平。

简单来说：干活，盯的是自己的手头工作，其他事情我不管；执行，则是把战略落地，懂得如何把大目标分解成小目标，并且带领和激励团队一步步完成。

干活，是"单向"的，上面怎么说，我就怎么做；执行，是"双向"的，做完之后，还要有反馈，有优化建议，可以提升整个团队的工作成效。

会干活，指的是能 100% 完成领导交代的任务；而会执行，指的是能根据情况有所为有所不为，领导要求永远是 100%，但你也许完成 80% 已执行到位，也许完成 120% 才算会执行，你要自己能把握分寸，并承担后果。

对，这就是那个"三个工人都在砌砖，一个说他在砌砖、一个说他在筑墙，一个说他在建楼"的故事。

产品营销经理是典型的基层管理者，是员工口中所谓"阎王好见，小鬼难缠"中的"小鬼"。在员工眼里，他是负责任务分配和考勤的直接主管，但在公司高层管理者眼里，他是"最小作战单元"，也是最基层的执行者。

这个岗位最锻炼人，同时也最"受夹板气"。

一个好人不见得就是一个好的管理者，过去折磨你们的那个"小鬼"，其实也是为了把项目做好，不得已而为之，对你们的"折磨"可能已经是最无奈的选择。

例如，一个本性善良的专家，因为工作能力强，第一次被提拔为部门负责人。他可能会由于性格关系和工作经验不足，被人误解为"难缠的小鬼"。

有些专家型人才，日常在讨论问题时，习惯用征求意见的方式进行沟通。但是当上部门负责人之后，该传达上级指示和要求的，千万不能"征求意见"，一定要斩钉截铁，表达清楚明白，不能含糊；同时又不能太激动。学会"温和而坚定地表达"，是对领导者的基本要求。

假设你用征求意见的方式向下属传达必须完成的任务，下属就会犯嘀咕：这到底是命令还是可以商量的指导意见呢？听口气好像可以商量，但是怎么又没有商量的余地？是不是因为我太"软"了，所以被欺负，其他员工都可以商量？这个领导是不是专门针对我……逐渐的，你的威信和人品就慢慢消失了。

基层主管就是要既能干好活，在工作上成为团队的标杆；也能做好把关人，为公司挡住不必要的麻烦；还要能把握尺度，不触碰红线。

那么，作为一个最基层的管理者——产品营销经理，需要有哪些工作要求和绩效要点呢？图 7-3 描述了对产品营销经理的岗位要求。

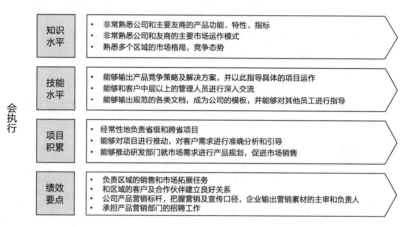

图 7-3　对产品营销经理的岗位要求

7.5 营销总监：做好能临场决策的"中场"

如果把企业看成一个足球队，董事长、总经理等高层管理者是制定全场战略战术的主教练，企业中层管理者，比如产品营销总监，就是这支球队的中场，他们会根据场上的实时情况进行调整和调度。

在足球比赛中，没有一个好的中场，前锋拿不到球，进攻受阻；后卫线缺一道屏障，防守压力增大。

一个企业，如果董事长、总经理等高层管理者都很厉害，但缺少良好的中层管理者，这个企业肯定走不远。

　　在球队开始比赛之前，主教练肯定会制定战略战术。但是真正到了球场上之后，每一个球该怎么处理、怎么传、传给谁，不可能请示场边的主教练，只能由场上队员，尤其是中场组织者根据场上局势灵活把控，这就是"阅读比赛"的能力。

　　看一个企业的管理和运营水平有个好办法：先和董事长、总经理聊他们的企业战略、企业文化……你会发现不同企业的高层说的东西大同小异，因为他们都是"师从"那些名人的公开讲话；再和他们的中层管理者聊（高层不在场）他们具体的工作模式和决策过程……你会发现不同企业的中层管理者千差万别。

　　有的企业，中层管理者的普遍认识和工作要点，就是把高层的战略执行落地，他们的工作目标很明确，而且表达的意思能够和高层保持一致。这样的企业，战斗力肯定很强。

　　而有的企业，有能力的人"不听话"，听话的人没能力。在通常情况下，这样的企业还是能活下去的，毕竟有能力的和听话的人可以互相制衡。但是到了面临激烈竞争、要打硬仗的时候，这样的企业就会暴露出其弱点，关键时刻容易崩盘。

　　这能全怪中层管理者吗？不能。一个企业没有好的中层管理者，一定是企业高层的问题。他们不善于选人，没有找到合适的中层管理者；他们不善于培养人，没有从基层提拔合适的人强化中层；他们不善于用人，中层管理者没有得到很好的授权和锻炼机会。

　　有老板抱怨："我们的战略非常好，资源也很好，就是执行层工作不力，如果有一个出色的营销总监带队就好了。"这就很像在说："我们球队的发展规划非常好，也不缺钱，就是球员素质差了点，只要聘请一个世界名帅就好了"。

　　所有抱怨中层管理者执行力不行的老板，他自己不是笨，就是懒。如果这个老板让你去他公司做他的副手"帮他一把"，这是一个天大的坑，千万别去。

一个企业，只有把自己手头人才的潜能都激发出来了，才能吸引和留住更多的人才。想想看，这个公司的团队连老板自己制定的战略都执行不到位，更何况一个外来的"人才"制定的战略？

而作为中层管理者，你既然已经站到了"中场"，你的状态、你的情绪、你的视野，会直接影响"整个球队"的成绩，所以一定要发挥出自己调整、调度的积极作用。当处于劣势时能激发团队的斗志；当对抗激烈、群情激奋时能快速稳定大家的情绪；当出现意外状况时能及时控制场上的局势；当顺风顺水时能发现漏洞并及时反馈，防患于未然……

这些都不能指靠董事长或总经理时时叮嘱，只能靠"中场"临场反应和决策。所以在评价一个顶级的足球运动员时，往往会说他"阅读比赛能力强"。

作为企业中层管理者，你敢于做一个好的"中场"吗？你能不能随机应变，做好临场决策并承担后果？

对于产品营销总监这个岗位，图 7-4 描述了其岗位要求。

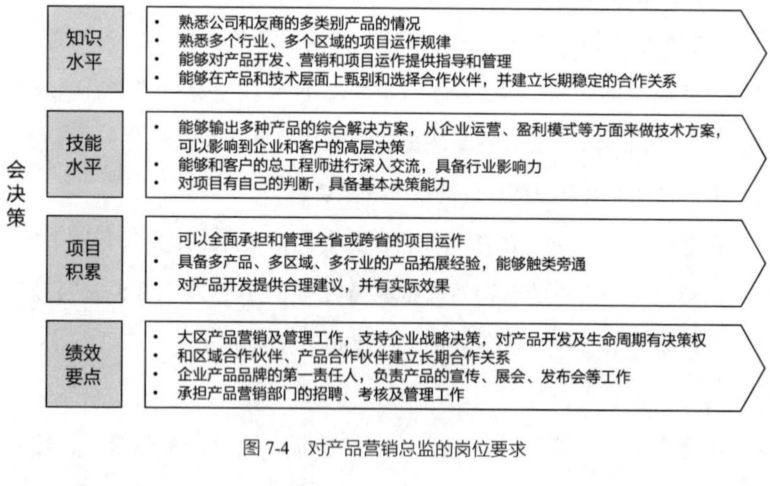

图 7-4 对产品营销总监的岗位要求

培养中层管理者的决策意识和能力，既能减轻高层决策的压力和风险，又能让人才梯队得到锻炼，基层员工也能感受到"决策"的过程，看到职业发展的通道。这样的企业才能生生不息，基业长青。

7.6 营销副总裁（合伙人）：做懂战略的"砖"

做基层员工需要有管理思维，但是做到企业高层，尤其是做到合伙人，你就要做一块"砖"——哪里需要哪里搬。

合伙人心态不能是打工者心态，不能把权责利划分得那么清晰。作为合伙人，企业就是你的家，家里有什么需求，你不能还跟家人说"这不归我管"，关键时刻谁有精力、有时间谁就顶上，没得商量。

如果你是老板，如果你要挑选营销方面的合伙人，那种对工作分工界面斤斤计较的，基本就不要考虑了。有时候可以让看好的几个年轻人互换岗位锻炼，培养他们的综合能力，这也是企业建设人才梯队的常用办法。

如果你是普通员工，或者是企业骨干，趁年轻多做几个岗位，多锻炼没坏处。一旦你技术开发、市场、交付、客服等岗位都做过了，或者都了解了，不说你将来一定会成功，至少在自我认知方面就比其他人高几个维度，将来如果创业，也会少走很多弯路。

创业其实是一种心态，而非一定要马上注册公司自己做老板。如果你现在真的能把老板的事业当自己的事业干，你迟早会成就自己的事业。

无论做什么事情，只要自己的功夫到了，格局有了，就算现在的老板不分股权给你，自然会有其他人拉你入伙。

一定要珍惜在企业打工的机会，老板出钱、提供平台让你去锻炼、去试错的机会，不是人人都有的。

战略的本质是信息量和信息的维度。懂战略的人，无非能够从纷繁复杂的信息中迅速提取最关键的信息，而且能马上做出反应，甚至能提前预判信息。

"懂战略"，就是通过历练和积累，让手上多握几张好牌，而且知道先出哪张，后出哪张，更要让对手摸不清你的底牌和出牌顺序。

对于一个具备合伙人意识的、主管产品营销的副总裁（合伙人），其岗位要求有哪些呢，图 7-5 所示条目可供参考。

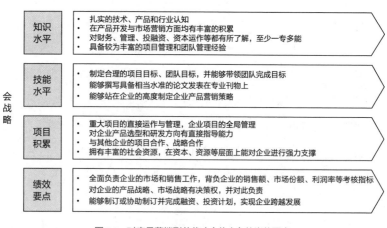

图 7-5 对产品营销副总裁（合伙人）的岗位要求

战略的要点在于信息的广度和维度，要早早建立"一专多能"的合伙人心态，多学点技能，多接触不同的岗位和人，了解自己，了解行业，了解社会的运作规则。

7.7 商业领袖：洞悉商业底层逻辑的操盘手

"老板"很多，但能称得上"商业领袖"的则是凤毛麟角。无论是企业领袖，还是行业领袖，都是不可多得的时代骄子。制约企业发展的最大短板，往往是老板自己，而对于这一点，旁边人不会说，老板自己也浑然不知。

真正的商业领袖，是能够洞悉商业底层逻辑的操盘手。能洞悉商业底层逻辑却不能操盘，可以做个咨询顾问；能操盘却不能洞悉商业底层逻辑，可以做个不错的生意人。

商业的底层逻辑有两条线：人性是底线，政治和法律是红线。所谓好的商业模式，就是在这两条线中间寻得生存之道，活得越久越好。

洞悉人性让你知道该做什么，了解政治和法律让你知道不能做什么。所谓的会操盘，就是能在这两条线中自由发展而不逾矩。

真正的商业领袖，不是想做什么就做什么，而是想不做什么就可以不做什么。

上市成功就万事大吉了？有多少公司是被逼着上市的、被忽悠着上市的、被胁迫着上市的。

商业领袖，或者说成功的创业者，到底是天生的还是能够培养出来的，现在还没有定论。哪怕世界上最优秀的大学、最高端的商学院，也不可能批量培养商业领袖。

一个成功的职业经理人可以成为商业领袖吗？

从副总裁到总裁之间的鸿沟，也许比从普通员工到副总裁之间的鸿沟还要大。从副总裁到总裁，在职务上是线性发展的，但在思维上是跃迁的。

优秀的老板还有一个明显的特征，就是他们总会出现在一线，但是又不局限于一线的具体事务，而是能从一线的情况中做顶层的思考，并立刻做出决策。

这有点像将军打仗之前会亲赴前线做实地考察，但是制订的是整个战役的作战计划。

如果作为老板总是待在办公室开会，议而不决，也不去见重要的客户，尤其是关键时候往后躲，或者总是在一线解决具体问题，却拿不出企业发展的整体战略，大家凡事都请示老板、看老板的脸色和态度行事，这样的老板是有严重缺陷的，公司的发展会因他们的短板而受阻。

那么，具备商业领袖气质的老板是怎样的呢？他应该具备哪些能力，需要有哪些工作重点呢？图 7-6 给出了参考。

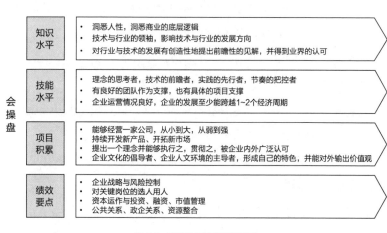

图 7-6　对商业领袖的岗位要求

7.8 成长复盘：练好基本功才能行稳致远

我们在前面谈到，从售前支持工程师成长为企业合伙人、行业领袖，是有一整套方法论的，那就是：聪明人下笨功夫，不怕慢，就怕站。

有些人看起来成长得很快，要么是职务升迁快，要么是很年轻就创业做老板了，除非他能在升职和创业过程中完成自我完善和学习，否则这种催熟式的成长模式，爬升得快，跌落得也快。

那些真正的商业领袖级人物，他们的性格特征、成长方式可能大不相同，行业方向和业务模式也千差万别，但他们有一点是相同的：在本行业内，基本功扎实。

年轻人不要总想着往上爬，练好岗位基本功才是行稳致远的基础。太年轻就爬得太快、太高真不是好事。

为什么很多人到了管理岗位之后，或者自己创业做老板之后，会被别人钻空子造成损失？而且岗位越高，造成的损失越大，就是因为他们的基本功不到位。

怎样看财务报表？怎样做市场分析？怎样做供应商认证？怎样做渠道商授权？怎样评估合作伙伴的资质……这些事情，如果你之前没有接触过，成为管理者后只能听别人汇报来决策拍板，那当然只能"拍脑袋"了。

作为年轻人，千万要珍惜在基层和中层打拼的机会，做扎实，做深入，一旦错过那个阶段，你就没有机会犯小错误了。

你若问我练好基本功需要多少年？我算了一下，如果运气好的话，最快12年。从23岁大学毕业，最快35岁能基本出道，如图7-7所示。

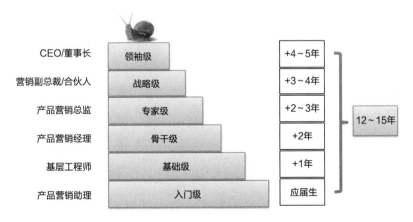

图 7-7　技术营销个人成长路径

肆　团队运作篇

第 八 章

打造胜兵团队：组建产品营销部

关于售前产品经理，或者技术营销经理的个人成长路径，我们已经做了很深入的探讨，可以视之为"纵向发展"。在企业运营过程中，产品售前技术支持和技术营销工作往往不能靠一个人完成，而是要组建一个产品营销团队，这个可以看作"横向延伸"。

当个人和团队能实现良性的"合纵连横"，互相赋能，互相促进，企业必然能够实现可持续发展（见图8-1）。

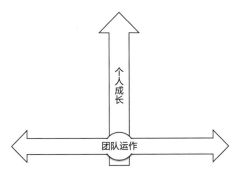

图 8-1　个人与团队互相赋能

8.1 明确产品营销部的定义

有的公司把产品营销团队叫作"售前技术支持/产品营销部"，有的公司则叫作"Marketing"，前者更注重具体的项目运作，后者更注重市场战略。我们认为产品营销团队应该兼具这两种使命，不能顾此失彼。

如果奔波于项目运作，会让产品营销团队彻底沦为项目的打工者，丧失战略格局，对个人、对部门、对公司都不利；而如果只做市场战略，脱离具体项目，又会让产品营销团队变成"只唱高调、议而不决"的务虚部门，最终丧失话语权。

8.2 组建产品营销部的时机

有的老板或销售人员认为"做产品营销的都太虚了"，这个说法很可能是正确的，因为你们公司还没到需要产品营销团队的时候。

在企业的起步阶段，老板就是最大的甚至是唯一的销售人员，其他人都是围着老板转。

在企业做到一定规模之后，才会设置专门的销售岗位。这时的销售员往往是"市场调研+售前+销售签单"，是身兼数职的"全能型销售"，而售后交付的工作往往由研发团队兼任。

当公司已经积累了很多客户和项目经验，又有了新的市场机会，需要快速复制，抢占市场时，单靠现在这几个人、几条"枪"恐怕会贻误时机，如果要再找几个"全能型销售"，不仅招聘难度大，而且成本还很高。

其实，老板和市场销售精英身上的经验和素质，有些是可以快速复制的，有些是可以分流到其他人身上承担的，有些是可以用制度和流程固定的。

通过组建专门的市场营销团队，让老板和市场销售精英把事务性的、普适性的、可以标准化和流程化的工作分流出去，将他们的精力聚焦到不确定性更强的新业务、新市场的开拓上去，这样，企业才能不断地向前发展。

如果你们公司出现以下现象，就可以组建专门的产品营销团队了。

- 公司上下成天忙得团团转，但是总在低水平项目上重复，企业规模和盈利长期徘徊不前。
- 研发、市场和交付团队沟通不畅，平常不沟通，甚至连吵架都没有，但出了问题就互相埋怨，大事小事都需要老板亲自出面沟通协调。
- 公司经验无法共享，经常犯同样的错误，资源无法复用，经常重复劳动，要么有事没人干，要么不同的部门干一样的事情。
- 市场销售能力太弱，老板事必躬亲，否则稍微大点的项目就会掉链子。
- 市场销售能力太强，开始有"山头林立"、向老板和公司叫板的倾向；
- 公司缺乏外部和内部防火墙，一个风险就会击垮整个部门，甚至连累其他部门。

图 8-2 示意了企业发展不同时期的组织架构。

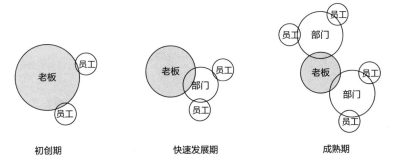

图 8-2 企业发展不同时期的组织架构

8.3 组建产品营销部的价值

让经验复制，让资源复用，让风险分担

通过将经验产品化、制度化、流程化，让公司在一个点上的突破迅速变成一条线上的突破，甚至是整个面上的突破。

如果面临风险，可以快速控制风险的程度和范围，避免"千里之堤，毁于蚁穴"的情况发生。

让盈利健康化、长期化，摆脱路径依赖

让公司的市场销售摆脱对固定客户或固定销售员的依赖。让销售行为从依赖个人变成依靠公司平台。

建立规则，让市场销售管理从"阴谋"变"阳谋"

建立并明确规则，防止市场上销售的不规范行为，让销售行为能够"端到端"地受控。既要有牵引和激励，也要防止行为不端，这既是保护个人，也是保护公司。

夯实市场运作的底线，为企业健康发展奠定基础

不得不说，做销售是要有天赋的，也是要有运气的，而兼具天赋和运气的市场精英是可遇不可求的。

建立良好的产品营销体系，可以减少对销售员天赋和运气的依赖，

减少对单一大客户的依赖，让普通销售员正常情况下也能做出合格的业绩，至少不要犯基本的错，不要丢不该丢的单；同时能提前判断机会，规避风险，让企业平稳行驶在正确的轨道上。

这样才能够让老板和市场精英从具体事务中解放出来，让他们放手去做更高端的战略，企业才能步步为营、节节高升。

有的公司虽然没有设立专门的"产品营销部"，其实他们是把这个部门的功能分解到了其他几个部门，只要公司的跨部门协作良好，这样的组织架构也未尝不可。

如果缺乏运作良好的团队，项目经验没有积累，企业资源没有梳理，那么每次做市场项目都像是从山下往山顶推石头，项目结束了，石头又从山顶滚回山下，然后在下一个项目中，又要重新推石头上山。

8.4　产品营销部与互联网中台

为什么很多互联网公司没有专门的"产品营销部"，而只是设置几个产品经理的岗位就可以完成很多产品营销的工作？因为互联网本身就具备产品营销部的诸多功能。互联网平台上已经产生了大量的运营数据，而且是开放性的，是可以让所有企业和团队共用的。这些数据，谁能抓取得快、用得好，谁就能占据先机。

现在有些大型的互联网公司，为自己、为行业、为伙伴打造"营销中台"（见图 8-3），其实"营销中台"的出发点和功能设置，与组建"产品营销部"的底层逻辑是相似的，都是为了能够快速地收集、归纳和处理市场信息，方便企业的"上传下达，横向沟通"，并且能把企业资源沉淀下来加以复用。

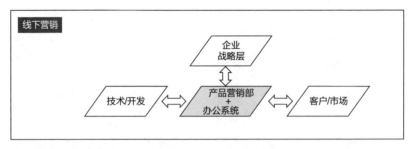

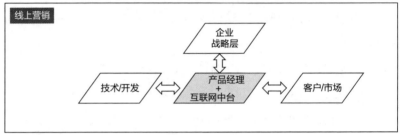

图 8-3　产品营销部与互联网中台

我们在前面曾经讨论过，一个优秀的技术营销经理，必须非常擅长利用各种办公软件、办公平台等工具。而建立互联网思维，善于利用互联网平台和各类中台工具，也是一个很重要的技能，利用好这些平台，可以爆发出团队的力量。而团队和平台的良性互动，可以大大降低运营成本和沟通成本。

8.5　终极目的：胜兵先胜而后求战

"胜兵先胜而后求战，败兵先战而后求胜"是《孙子兵法》中一个极重要的观点。很多项目，其实开始之前就胜负已定，所谓的"销售过程"就是走一个流程而已。

组建产品营销团队的终极目的，就是让企业的营销变成"胜兵团队"，通过平台化和规范化的操作，尽量规避销售中的不可控因素，防范各种风险，让胜利不再是幸运使然，而是"理所当然"。

这就是很多大公司的感觉：平台太强大了，谁来做销售都一样。

8.6 产品营销部的功能维度

产品营销部在企业中的具体功能，分为"上下"和"内外"两个维度。

所谓"上下"，是指将公司高层的战略决策在产品营销工作中落地，并能将落地之后的效果及时反馈给公司，形成一个"上下"维度的闭环（见图 8-4）。

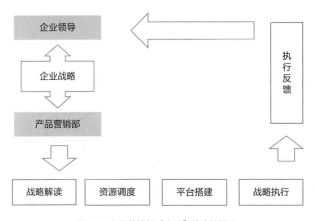

图 8-4 产品营销部"上下"维度的闭环

如果"上下"维度解决不好，公司高层的战略决策没有被准确解读，在市场上就很难准确地将其落地；或者落地之后的效果很难及时反馈回公司，一旦情况出现变化，反应会不够迅速。

所谓"内外"，是指在产品研发部与产品销售和客户之间建立双向沟通的桥梁，让相互之间的沟通能够更加顺畅，能将技术语言"翻译"成客户语言，同时又能将客户需求"翻译"成研发项目（见图8-5）。

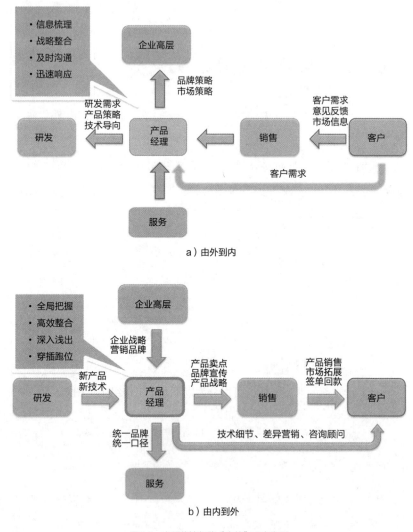

a）由外到内

b）由内到外

图8-5　产品营销部的"内外"双向沟通

市场销售部门的工作绩效，重点在于销售额、利润、回款等方面，主要是考虑公司今年"有饭吃"；而产品营销部的工作绩效，重点在于新产品的布局、高价值产品的拓展、市场的战略布局等，考虑的是明年、后年也"有饭吃"，而且能"吃"好。这二者相辅相成。

而如果"内外"维度解决不好，要么就是产品研发部和产品销售部与客户沟通不够，对市场和客户需求反应不及时；要么就是客户直接面对产品研发部，没有设立"防火墙"，没有对需求进行梳理和甄别就直接将其输送到产品研发部，造成研发资源的浪费和项目上的被动。

很多时候，做项目也需要"一个唱红脸，一个唱白脸"，产品营销部具有上传下达、内连外合的工作属性，可以在不同的情况下灵活调整自己的角色。

比如，有的公司规定，销售员可以对客户用各种市场操作手法，但是报价、折扣和商务的审核权放在产品营销部，以此最大程度地规避销售风险；也有的公司规定，所有的客户需求必须通过产品营销部报给产品研发部，市场销售部不能直接对产品研发部"发号施令"。

8.7　产品营销部的典型架构

产品营销部的典型架构，可以分为以下几个工作组（见图8-6）。

战略管理组

对接企业高层，对企业高层的战略进行解读，并分解为具体的工作；同时也要把部门面临的情况及时反馈给公司高层。这个职务有时候可以由公司主管营销的副总裁兼任。

战略管理组的具体工作包括：落实企业发展战略；制定企业营销策略；指导产品营销工作；管理产品营销部。

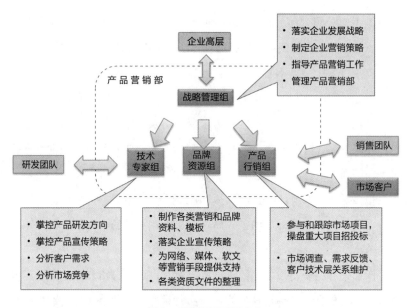

图 8-6　营销部门配置和职责

技术专家组

对接产品研发团队，是市场营销部和技术研发部之间的对接人，其职能包括但不限于参加产品研发的方向的决策，评估研发团队交付的产品是否满足市场销售条件等。

技术专家组的具体工作包括：掌控产品研发方向；掌控产品宣传策略；分析客户需求；分析市场竞争。

品牌资源组

落实企业宣传策略，为企业产品营销提供品牌资源，比如输出产品资料、产品图册、技术软文、标书模板、企业资质文件、产品宣传PPT，为企业参加技术展会、网络媒体营销、公众号营销、短视频营销等活动提供支持。

品牌资源组的具体工作包括：制作各类营销和品牌资料、模板；落实企业宣传策略；为网络、媒体、软文等营销手段提供支持；各类资质文件（比如企业资质、产品专利、入网证等）的整理。

产品行销组

直接面对产销售部和客户，深度参与市场项目，包括但不限于客户需求调研、市场项目运作、参与项目投标、客户的技术高层关系拓展和维护，等等。

产品行销组的具体工作包括：参与和跟踪市场项目，操盘重大项目招投标；市场调查、需求反馈、客户技术层关系维护。

强烈建议企业建立轮岗机制（见图8-7），每1～2年就进行轮岗一次，确保人才技能的多元化，同时也能建立公司和部门的人才梯队。

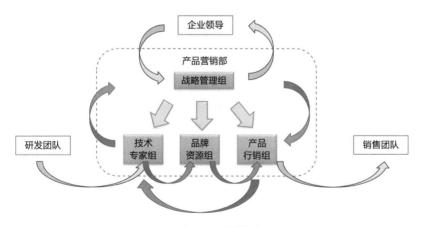

图 8-7　企业的轮岗机制

8.8 部门架构演变的三种模式

我们在上文提出了一个产品营销部的典型架构（见图 8-6）。这个架构应对 30 ~ 100 人的区域型或特定行业的公司是没有问题的。

现在公司要发展了，需要离开本省去其他省设立分支机构（比如办事处、分公司等），或者公司发现了新的行业机会，需要在新行业进行拓展，那么现有的产品营销部应该怎样调整才能适应公司的发展呢？是复制、放大还是分解、演变？这些做法都对，但是一定要明确：产品营销部不是一个单独存在的部门，而是公司组织架构的组成部分，当公司快速发展时，产品营销部也要发展，而且发展的速度和方向应该与公司的发展模式相匹配，而不能另起一套。

8.8.1 模式一：事业部模式

如果公司是事业部模式的，事业部的权限较大，自负盈亏，那就需要在新的事业部"复制"一套原有的产品营销部的几乎所有模块才能够完全支撑事业部的独立运行、独立核算。

这种模式适合权力分散型企业（见图 8-8）。独立运营和核算、自负盈亏的分公司或子公司，也可以参考这个"复制"模式。

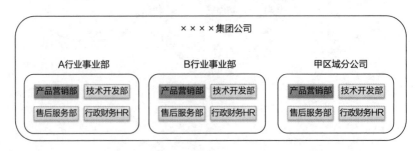

图 8-8　适合权力分散型企业的事业部模式

这种模式的好处是运作比较灵活，成本低；坏处是可能会造成不同的事业部或分公司互相抢单，内耗严重。

8.8.2 模式二：一线二线权责分离模式

如果是强调统一行动听指挥、强调规范化管理、强调"全国一盘棋"的公司，每个分支机构的自主权有限，该怎样进行产品营销部的设置呢？

那就要把能"前置"的功能放到办事处一线，而把共性的功能放在公司总部。

产品营销部的四大模块，可以继续划分为"销售"和"售前技术支持"两大部分。这种模式适合权力集中型企业（见图 8-9）。

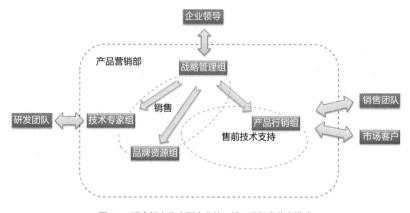

图 8-9 适合权力集中型企业的一线二线权责分离模式

将"销售"部分放在总部，而将售前技术支持（主要是产品行销组，有时也会加上品牌资源组）部分放在办事处一线，和销售形成市场销售团队。

这样的好处是：第一，售前技术支持团队在一线，可以随时掌握市

场动态，将一线的市场需求和客户动态迅速反馈到总部；第二，总部的
战略管理组人员和技术专家可以将一线的消息进行梳理和判断，对客户
需求进行快速响应；第三，品牌资源组可以输出用于市场拓展、投标用
的相关资料，比如解决方案、PPT、软文、公众号文章等。办事处的售
前产品经理也可以根据本地的情况，结合公司的统一素材，输出本地化、
本行业的解决方案。

这种模式的好处是全盘控制力强，公司的整体战斗力更强，但是运
营管理成本较高，一线的灵活度较低。

很多采用"矩阵型"管理的企业，普遍采用的就是模式二，即一线
二线权责分离模式（见图 8-10）。这种模式是通过牺牲效率的方式管控
风险。

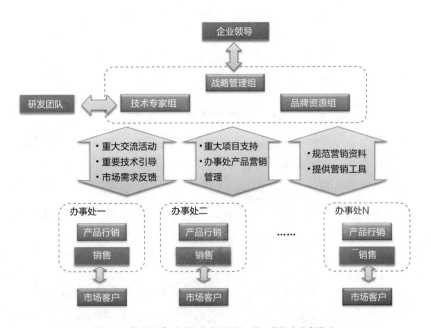

图 8-10　"矩阵型"管理的企业采用的一线二线权责分离模式

8.8.3 模式三：综合模式

有的企业老板操盘能力足够强，他们甚至可以将前两种模式结合起来使用。比如他们看好某个全新的行业机会，又怕对原有公司架构带来太大冲击，于是在保持原有公司架构不动的前提下，用模式一的方式成立"行业军团"快速进入新行业抢单。一旦这个行业成熟了、稳定了，再采用模式二的方式扩大规模。

要做到这一点，对企业老板的综合操盘能力是一个巨大的挑战。

8.9 好团队就是"会吵架"的团队

此处的"好团队"有两层意思：一是团队已经有了一定的基础，比如技术基础、客户基础，公司平台基本完善；二是团队还有可持续发展的机会和潜力，员工和企业都还有向上发展的空间。

此处的"会吵架"也有两层意思：一是团队内部经常有碰撞，而且是很坦率的沟通，各方绝不藏着掖着互相猜忌；二是无论团队怎么碰撞，最后总能把事情做成。大家吵架也能吵在一个"点"上，不会各说各话，而是越吵越了解彼此的需求。

组织内部经常吵架，往往意味着企业内部信息顺畅，尤其是跨部门、多维度的沟通较多；大家沟通还"在一个频道上"，还能吵得起来，否则就是鸡同鸭讲；每次吵架都能有"结果"，而且结果还不错，所以才会"经常吵"。

无论是高层管理者还是基层员工，千万不要怕部门之间吵架，吵架不可怕，就怕连吵架都吵不起来，整个公司安安静静的！

8.9.1 为什么优秀的团队都不那么"和谐"

过于"和谐"的组织，至少有一方是在避免冲突、淡化矛盾，从而会降低和压抑自己的诉求，而这样一定会带来信息流通受阻，使组织在战略视角上出现盲区。

而信息公开透明的组织，往往不会太和谐。因为信息的来源多元，会导致出现不同维度视角和观点的交锋。

当公司里自动自发的人（也就是前面所说的"泵"）越来越多时，才更容易发生碰撞。只有齿轮之间互相啮合，机器才能运转良好。

企业和产品的价值不能由企业自身决定，而应该由市场和客户决定。违背了这个理念的企业，迟早会被淘汰。这也就意味着，任何企业都不可能闭门造车。那种"在深山老林闭关十年苦练绝招，一出江湖就打遍天下无敌手"的传说几乎不会再现了。

所以，企业的产品规划、市场规划、人力资源规划、财务规划、行政平台规划、企业信息化等都不可能由一个部门单独完成，甚至也不能由某高层领导直接决策，而必须是由某部门或某高层牵头，多部门配合完成。

没有产品营销部门参与的产品规划、没有技术部门参与的产品集成和市场规划、没有用人部门参与的人力资源规划、没有业务部门参与的财务和行政规划，一定是纸上谈兵。

8.9.2 经常"吵架"的组织，人才流动性更好

经常"吵架"的组织，往往人才的机会更多，流动性更好。

比如两个部门之间经常争论，争论的次数多了，对彼此之间的业务就很了解了。这样才好安排部门管理人员的"对调"，互相到"对手"的

部门去交叉任职。

这样有利于公司对后备管理人员的培养，也有利于一专多能人才梯队的建设。

从另一个方面讲，正因为大家都知道将来有可能会到对方部门任职，所以在吵架时也会"留一线"，避免"彻底撕破脸"。

如果公司内部总是一潭死水，谁都不知道其他部门在做什么，时间一长，不仅每个人都变成了岗位上的螺丝钉，而且还是生了锈的螺丝钉！

8.9.3 怎样才算"会吵架"

我们说的"吵架"不是骂大街，而是对"充分沟通"的更通俗的描述。"吵架"绝不是撒泼，更不是强人所难。

关于如何开会讨论问题，可以参考"罗伯特议事规则"。其实在公司内部开会，也有相应的"规则"，如果大家都依此行事，不仅能让沟通更加充分，而且还能有落地的实际效果。

会议主持人保持中立，会议主题和参与方明确

会议主题和讨论内容与参会部门、参会人员的绩效强相关。只有涉及切身利益的会议，才会有足够深入的讨论。

会议主持人就是会议规则的执行者。主持人在会上必须保持中立，不得对会议议题发表意见或看法。凡是对项目有意见或看法需要表达的人，都不能做主持人。

尤其是公司总裁，一定要控制住自己既想当主持人控场，又想表达意见的冲动！企业规矩就是被这样的冲动破坏的。

轮流发言，控制时间，不能打扰对方发言

比如规定每个部门的代表每次发言 3 分钟，轮流发言。其他人发言时不得打扰，否则视为放弃参会资格并请出会场。

销售部门往往更"能说"，技术部门往往言辞比较少。一定要让他们都能充分发言，公司内部的交流才能足够充分。

就事论事，不针对人，不挖旧账，不搞人身攻击，不质疑动机，不说情绪化语言

只讨论和本次会议主题相关的话题，只谈事不论人。不能攻击任何人的人品、道德，不质疑任何人的动机。

哪怕你知道张副总推荐的供应商是他侄子的公司，会上需要讨论的也只能是这个供应商的企业资质、产品质量是否达到公司的要求，价格是否合理。至于其间有没有猫腻，张副总有没有从中牟利，这些都不应在会议讨论范围。

不能议而不决，会后有具体的行动安排，责权利都要落实到人并有效果评估项

所有的会议决议一定要落实到具体安排，每个安排都要有具体的执行人和执行效果评估项。哪怕会上决定不了的事情，也要明确原因（比如缺少几个决策要素），并安排谁去落实这几个要素，以便下次开会时决策。

比如要讨论和决策公司今年的产品市场拓展战略，那么就需要销售部门拿到各区域客户今年的投资计划和预算表，需要研发部门确定本年度产品版本规划和发布时间，需要采购和供应链部门摸底供应商的产能

情况，需要市场品牌部门确定本年度的宣传和展会营销活动的时间。

确认下一次沟通时间，以对此次会议决议的落实情况进行复盘

所有的会议一定要有决策和执行，而对所有的决策和执行也必须进行评估和复盘，并做出下一步的决策和执行计划。只有这样，事情才能够逐步向前推进，而不是原地打转，互相推诿。

吵架就像炒菜，优秀的组织，听起来锅碗瓢盆乒乒乓乓，却总能恰当地把握火候，最后把菜做好；而拙劣的组织，要么冷锅冷灶，要么控制不住火候，不是没炒熟就是烧焦了。

创业要找"三观一致"的合伙人，既要聊得来，也要"吵"得来。

第 九 章

人才与制度

几乎所有的公司都会面临这样的管理困境：到底制度流程重要还是人才重要？到底是应该因人设岗还是因岗寻人？为什么别的公司施行得非常好的流程制度，到了我们这里就走样了？对于技术营销团队来说，在人才的选用育留、团队管理和激励方面，有哪些需要注意的地方？

有些人说"企业管理不能靠人治，只能靠法治"，认为只要企业建立了良好的制度，流程就能够运转良好。真是这样的吗？

本章我们就来讨论这个问题。

9.1 制度决定底线，人才决定上限

很多从大公司走出来的人，动不动就说"靠人不如靠制度，要靠制度管人"，认为企业制度比人才重要。他们哪里知道，中小企业要招到一个70分的人才是多么困难；他们又哪里知道，之前他所在的大公司在成长过程中，制度和人才的匹配是经过了多少次的"拉锯"才形成的格局。

为了方便中小企业快速度过这个"拉锯"期，我尝试用一句话描述制度和人才的关系：制度决定发展底线，人才决定发展上限。

制度的建设不是为了"管人"的，而是为了"兜底"的。这里所谓的"底"，是公司平台绝对不能出现的问题，一旦出现，可能会造成公司崩盘。比如财务风险管控，员工日常的工作汇报制度等。

员工怎样报销手机通信费用？有的公司要求员工标记每一条公务通话记录，然后才能报销；有的公司规定了每个月的手机通信费用额度，额度之内都报销，超过这个额度才需要标记公务通话记录。

你们公司是否要求员工写日报、周报，项目总结？员工每天、每周的工作情况是否能及时主动地沟通？有些创造性的工作岗位，其工作怎样衡量？

如果一个员工的工作情况以及涉及工作的财务情况对于公司来说都不透明，这样的员工肯定不能久留，这已经触及企业的底线了。

以我的观察，"人才"其实是倾向于在制度规范的企业工作的，规范的制度其实更有利于"人才"工作能力的发挥，尤其对于需要系统协同的工作。很多专业性人才，需要的是一个比较单纯的环境，而不需要太多"沟通技巧"和"人事关系能力"，如果事务性的事情只需按照规章制度做，这样才能最大程度地发挥其创造力。

这个时候，制度的建设就是为了让这些"不善于沟通"的人才，按部就班也能完成工作上的全方位对接，把人事和沟通上的"无效损耗"降到最低，从而使他们能把精力集中在专业工作上。

很多足球队，都是要求前锋参与防守的，甚至要回防到本方半场。但就是有像罗纳尔多这样的顶级球星，因为怕受伤，一般比赛就不会参加防守，怎么办？把他撤下？

这个时候，主教练和团队其他队员就都要明白，团队的任务是赢球，像罗纳尔多那样至少能牵制对方2名球员的球星，只要出现在场上，就会给对方一种压迫感，比让他单纯去参与"防守"这样的动作更有价值。如果罗纳尔多因为参与防守而受伤，那才是得不偿失。

何况，在关键比赛的关键时刻，罗纳尔多也会参与防守。早年他还在巴塞罗那的时候，就以回防积极著称，后来受了重伤之后，才开始在防守上有所保留。

这也从另一个方面说明，所谓人才，是要在关键时刻能顶上去的人。如果一个人在平时享受了"人才"的待遇，但是关键时刻顶不上去，这样的人也不会是真正的人才。

所以，管理公司需要靠完善、透明的制度兜底；而管理人才则需要有挑战性的任务来牵引和激发，该鞭策的一定要鞭策。这二者相辅相成，企业才能健康发展，缺一不可。

9.2 不同的阶段，不同的管理模式

企业到底靠"人治"还是靠"法治"？这要看企业处于怎样的发展阶段。

在企业的初创期，根本来不及制定那些繁复的流程和制度，企业所有人都要把精力投入企业的生存和发展上，这个时候必须找那种"自燃"型的人，只要"约法三章"就能开干。在这个阶段，寻找合适的人才比建立制度重要得多，也就是说，在企业的初创期，"人治"大于"法治"，你能找到什么样的人，直接决定了企业的发展空间，甚至企业能否生存下去。

雷军在初创小米时曾说"KPI管理过时了"。那是因为他们在初创期，需要找到"自燃"型的人才共同创业。小米初创团队的那些人大多来自谷歌、微软、金山等成熟企业，KPI管理的思想早已深入其骨髓，让他们赶快干活才是正道。那个时候，雷军会亲自参与每一名新员工的面试。

当企业度过了初创期，发展到成熟期，需要的是稳定健康地发展，

这个时候，"法治"大于"人治"是理所当然的，因此制度的建设就会优于人才队伍建设。

事实上，雷军创立小米近 10 年之后，还是启用了 KPI 管理。毕竟公司大了，不能再靠老板一个一个面试和协调了。

随着企业的进一步发展，行业环境和社会环境发生了变化，企业为了应对这些变化，需要进行转型。这个时候又需要有人能站出来带领团队完成转型，此时又是"人治"大于"法治"了。

因为任何企业的转型都存在巨大的风险，而且往往会与企业现有的制度发生冲突，甚至会重建一套新的管理系统。此时就不能只用那种"按部就班"的人才，而要用到那种敢闯敢试的颠覆型人才。所以在企业的转型期，发现和利用人才，比建立制度更重要。

华为能够从通信设备制造商转型并拓展为智能终端制造商，离不开公司发掘和利用好了余承东这个人才，并给予了充分的信任和授权。

所以，到底是人才重要还是制度重要，取决于企业处于哪个发展阶段，不同阶段适用不同的管理模式（见图 9-1）。有些人只是在大公司待过一段时间，他以为自己所看到的就是大公司能够成功的原因，这肯定是远远不够的。

图 9-1　企业在不同阶段的不同管理模式

9.3 不同的人才，不同的激励模式

很多企业是很愿意激励和培养员工的，它们希望员工能够和企业同

步发展，而且还能多赚钱、多分钱。

现在很多成功企业的激励政策都是公开的，有些企业甚至原封不动地照抄那些"标杆企业"的激励政策（比如提成比例、升职加薪坡度、配股方案等），甚至有过之而无不及。但很多员工依旧抱怨"我的老板太抠门"，而老板也在抱怨"为什么我给了那么好的激励政策，员工似乎毫不领情，工作还是没什么起色"。最后的结果是：员工或混日子或离职；老板只做短期项目，不再培养和激励员工。

没有人是天生就躺平的，每个人都渴望被认可、被激励，每个人都渴望进步，无论他们的学历、专业、背景、家庭出身……只是每个人的性格特点、思维模式、价值观不尽相同，所以不能用同样的方式激励所有人。

9.3.1 人才模型：思维模式影响深远

我们学"数理化"时，往往会有很严谨的"解题步骤"要求，哪怕最终计算结果是正确的，中间步骤和书写格式有错漏也要扣分。在这方面受过良好训练的人，形成了一种"工程思维"模式，他们就非常适合做工程岗位。因为工程岗位就是要求符合流程，每一步都要"可验证，可追溯"，差一步都不行。

而我们学习语文时经常要做"段落大意分析"，还要揣摩作者的意图。虽然很多学生感觉这套东西非常折磨人，但也有人很擅长这一方面。他们在这种训练中形成了一种"大意分析"思维模式，日后往往很会揣摩上司和客户的意图，而且能够从他人只言片语的讲话中抓到重点信息。

很多公司招聘工程类岗位，其具体的工作内容似乎一个中专生也能干，它们却要求应聘者至少是硕士研究生。其实它们要的并不只是硕士研究生的知识水平，更是他们在年复一年的训练中所形成的"工程思维"。

这种长期训练之后的思维模式，比较习惯于流程化管理。尤其对于"理工人"来说，他们从小就知道"遇到题目套公式"，进入职场后自然就懂得"遇到项目看流程"。很多干 IT 工程师之所以转行做餐饮等传统行业（创业），还是因为习惯于用流程和数据管理并控制成本。

很显然，擅长做段落大意分析的人，和擅长做数理化应用题的人，无论他们从事什么样的行业，其思维模式和激励模式都是有明显不同的。当然，也有人能做到二者兼备，他们既懂上司的意图，也擅长落地执行，这种人往往能获得更多的机会。

9.3.2 激励的时机：不要迷信"延迟满足"

不要和饿着肚子的人谈"长期主义"或"延迟满足"，他们看重的不是明年有没有饭吃，而是今天晚上有没有饭吃。这不是道德问题，也不是格局和价值观问题，这就是人之常情。

员工看重的，首先是工资和提成，其次是年终奖，最后才是股票。在多数情况下，发工资和奖金都不爽快的公司，股票就不值钱。

所以，企业老板有时给员工大谈"使命、愿景、价值观"，谈公司的股权激励计划，谈给员工配股，而员工大多反应平淡。其实，普通员工要的是按时发工资，发多点奖金，把提成比例调高点儿。他们的"短视"是正常的。

但是，"短视"的员工未见得就不是好员工，也未见得就不能成为公司合伙人。因为人的能力、见识、格局都是在具体的工作中成长的。如果员工觉得公司平台不错，不仅能提供满意的薪酬待遇，还能提供很多机会，自然会考虑在公司"长期发展"。

通过一段时间（一般是 1 ~ 2 年）的工作和思想碰撞之后，员工对公司的价值观、文化、使命和前景高度认可，才会考虑"长期发展"，从而能接受"延迟满足"，成为合伙人。这个过程不可能反过来。

9.3.3 激励的方法：因人而异

有些人很自律，做事情追求极致，他们不用别人盯着也能把事情做好，甚至比老板要求的还要好。

对这种人的管理和激励，最好的方式就是给他们一些非常有挑战性的课题，并且创造条件让他们去挑战极限。

老板不要抱怨身边没有这种"自燃"型的人才，应该考虑的是如果遇到这种人才，自己能发现他吗，能激发他吗，能提出什么样的课题让他去挑战呢？我就亲眼见过一些"自燃"型的人才，在不合适的平台上就变成了"躺平"型人才。

这能全部怪他们吗？

有人问马斯克，要对创业者说什么鼓励的话？马斯克说："真正的创业者，不需要鼓励。"

激励人才的最好方式，就是让他和与他一样优秀甚至更优秀的人一起工作，并且去挑战更伟大的目标。

真正的人才，都是喜欢挑战的。而如果老板自己怕挑战，那当然就看不到人才，也管不好人才。

9.4 年薪 200 万元招"天才"，简直太划算了

有些人对某些企业 200 万元年薪招"天才"的消息感到"震撼"，感慨"还是知识值钱啊，会读书、多读书还是有好处的"。

那么，对于"天才"，年薪 200 万元高吗？其实一点儿也不高，而且对企业来说简直是太划算了。我们来分析一下。

第一，高科技产业的核心竞争力，来自人才和对人才的利用。谁能抢到人才、谁能利用好人才，谁就抢到了先机。而"天才"更是可遇而不可求，说一个"天才"顶得上成百上千的人才也不为过。

第二，由于"天才"的稀缺性，"我抢到手，你就没有了"，企业的这种做法至少保证了"天才"不会被竞争对手所用。

第三，企业文化或多或少会在这些"天才"身上打上印记，不用太长的时间（2～3 年）就会打上"原厂"印记，然后就会和企业团队产生"化学反应"，从而能从"待遇留人"转向"事业留人"。这些"天才"的加盟，也可能会激活整个组织。

第四，对社会的示范效应。"年薪 200 万元招天才博士"的广告一下就引爆了媒体。而媒体的广泛传播，既帮助发布招聘信息的企业做了广告，同时又对竞争对手进行了"挑战"。同时，那些"天才"在找工作时可能会先去这样的企业试试，这就让这些企业在人才市场（应该是"天才"市场）上占领了先机：所有的人才由我先挑！

其实，归根结底，高科技行业的竞争，就是对人才的竞争。

各大行业的头部企业一出手"抢人"，留给创业公司、中小型企业的人才就真没几个了。

9.5 人才应该是流程运行的"泵"

现在的主营环境很开放透明，公司的运作都没有绝对秘密可言，甚至很多公司的内部流程都大同小异。同样的流程架构图，有的公司玩得风生水起，有的公司则是一潭死水，甚至流程"自锁"。

为什么呢？因为流程和制度就像水渠一样，你可以依样画葫芦建水渠，但是"水泵"还得靠自己造、自己用。

有的流程是束缚人的，有的流程是激发人的。有的流程对某种人是一种束缚，对另一种人则是激发。企业的流程、制度必须和企业员工相匹配，才能激发出员工的动力，尤其是人才的"原动力"。

比如很多人从小就和各种公理、定律、公式打交道，解题步骤也是一步一步非常有条理，一个标点符号都不能错，他们早就非常习惯套着流程做事情了。如果把他们组织到一起，就可以推动流程了吗？远远不够。因为这种思维模式的人太适应于在既有流程中完成任务，而且太习惯于追求完美了。如果让他们去根据实际情况创造流程，以及通过各种手段和手腕"推动"流程的建设、执行和优化，又是一个大问题。

何况很多时候不能等到流程设计完美了再去推行，那样只怕机会早就错过了。流程几乎永远不会完美，因为市场是在急速变化的。

管理者千万要注意：不是你们把流程图画好就万事大吉了，一定要在流程的关键岗位上，安排自带"泵机"的人，他们才是保证流程可以顺利执行和反馈的原动力。

自带"泵机"的人有哪些特点呢？

- **目标感强**。他们既能深刻理解公司的大战略，同时又知道自己及小团队的切身利益，而且能把这些利害关系跟团队讲清楚，实现认知对标——"上下同欲者胜"。

- **持续性和韧性强**。因为在推动和执行流程中，一定会遇到很多困难和问题，而且有的困难和问题往往会长期存在，他们只能用进一步的发展来解决或淡化，可以暂时避开，但千万不能退。

- **有正向影响力**。他们不仅自己能把活干好，还有足够的影响力。哪怕他们不是"官"，同事也愿意听他们的。

简而言之，自带"泵机"的人就是不用公司高层盯着也能带领团队把活干好的人。

在公司创业期，所有员工都能经常见到 CEO 的时候，CEO 就是团队的"大泵机"。一旦公司做大了，很多员工几个月甚至半年都难得见到公司高层，公司的中层和基层就需要有很多"中泵机"和"小泵机"，而且务必和"大泵机"保持方向的一致性。

当这些"泵机"都能实时发挥作用时，无论是做流程还是做项目，都能干得风生水起。

部队在行军中，为什么需要不停地由班长、排长带头喊口号、唱军歌？还要不停地要求战士"保持队形，跟上"。其实他们就是让这支队伍保持行军作战激情的"泵机"。没有这些"泵机"的实时作用，再好的作战计划都执行不下去。

你找到团队的"泵机"了吗？你用好他们了吗？

9.6 四类人才的选用育留

前面我们提到了产品营销部各个岗位的设置和职责，也谈到了部门发展的几种模式。但是岗位设置得再好，规划得再出色，也需要具体的人去执行和落地。

产品营销需要的是典型的复合型人才，技术、销售、团队管理，缺一不可。但是我们的教育机构几乎没有培养产品营销人才的实操课程体系，只能靠自己在工作中培养，甚至要靠自己的"悟性"。

招聘技术开发人员或销售员，都有很明确的素质画像，一个开发经理或销售经理就能搞定。但是招聘产品营销经理，就相对复杂得多，甚至很多负责招聘的人自己素质都不过关，他们更看不准人才，也因此错过了不少好苗子。

产品营销部的人才来源是多元的，尤其是企业刚开始设立产品营销部的时候。一般来说，可能从公司的研发部门或售后服务部门调入，也可能从社会上招聘或去学校招聘应届生。这四大来源的人才素质模型是不同的，培养方式和侧重点也有所不同（见表 9-1）。

表 9-1   不同的人才，不同的培养模式

产品经理的 基本来源	优势	不足	培养重点
研发技术	产品技术非常熟悉	市场意识弱 唯技术论 沟通能力弱	增强市场意识和服务意识，暂时多听少说
售后支持	产品技术较为熟悉；客户服务思想好	宏观视野、对产品功能的理解弱，知道太多也不好	从技术沟通到功能沟通再到项目沟通
社会招聘	工作经验多，方法多，有一定的技术基础	对企业文化、产品理解较弱，规范性	加强企业文化培训，规范性培训
应届生	可塑性强，接受能力强，对企业文化接受快，做事情有冲劲	产品技术弱，工作经验不足，心态浮躁	全方位的培训需要专人职业导师

9.6.1 技术专家转型产品营销

他们的优势是对产品技术的细节非常了解，可以对某些细节滔滔不绝地聊上半天。但是他们的劣势也可能在于此：太沉迷于与客户交流技术而忘了要把产品卖出去。

很多技术专家在刚转到市场营销岗位时，以为做销售或做售前技术支持的就是要能说会道。其实他们错了，他们的第一步恰恰是要少说多听，多听听客户是怎么想的，不要先入为主，不要急于讨论产品细节，更不要逞能和客户"对掐"。

顶级的市场销售，其实话并不多，但每句话都能说到客户的心坎上。这一点是很多从技术部门转到市场营销部门的专家需要好好琢磨的。

9.6.2 售后服务转型产品营销

做售后技术支持的，既懂产品细节，又经常和客户打交道，他们转做产品营销，从售后转售前，应该比较快吧？

事实情况是，转型最快和转型最慢的，往往都是他们。

做产品营销需要一种特质，就是"多管'闲事'，好奇心强"，即除了手头的事情，也对周边的事情充满了好奇心。

我面试过很多做售后服务的朋友，他们对自己所负责的产品模块很熟悉，但一问到"这个产品模块能解决客户的哪些痛点""友商或竞争对手的类似模块使用情况怎么样"等问题时就答非所问，甚至明显表现出"这关我什么事"的态度。

想想看，他们待在客户机房或用户现场好几年，却对于自己手头工作之外的事情一无所知，甚至毫无兴趣，这样的人怎能做好产品营销呢？

很多公司把售后服务当作了解客户需求的发起点之一，这是非常有道理的。因为很多甲方的高层都未见得了解自己的需求，而做售后维护的人员往往最清楚设备的实际情况，他们得到的现场信息往往准确率更高。

售后人员要转型做产品营销，需要尽快转换自己的思路：从产品技术沟通转向产品功能卖点沟通，再转到项目运作沟通。

9.6.3 社会招聘

产品营销部的社会招聘，真是难上加难。

因为研发部门、销售部门虽然招聘也很难，但是不同公司的研发和销售岗位的基本职责是相似的，从具体的岗位上来说，在 A 公司做 Java 开发和在 B 公司做 Java 开发，每天的工作差别并不大。

但是因为不同的公司对产品营销部的定义千差万别，在这家公司做得很好，去另一家公司可能就成了鸡肋。

同样是世界顶级的足球前锋，在打"长传冲吊"战术的球队踢前锋，和在打"传控"战术的球队踢前锋，战术要求和踢法的差别是巨大的。

别家的产品营销高手，在别家也一定过得不错，而且在别家平台上的发展也不错。因为平台差的话，不可能培养出产品营销高手。

他们要跳槽，可能是平台不行了，需要自谋出路（这些信息很容易核实）；可能是他现在做得不开心，或者想从研发或售后转岗到市场营销而公司不批准，所以只能在外面找找机会；也可能是他原来的公司要搬家了，或者要派他去其他地方，他因为要照顾家庭而不得不在本地换个工作……

总之，产品营销人员的社会招聘，除了要了解对方的能力，更要了解其转换工作的诉求、动机和价值观，还要把岗位职责交代清楚，并且双方都要认可。

9.6.4 学校招聘

在公司平台还不完善时，尤其是还没有建立企业培训机制时，应尽量避免从学校直接招聘产品营销岗位。

之前说过，大部分学校缺乏这种复合型人才的培养机制，而企业自己培养是需要消耗大量资源的。

虽然公司从应届生中培养自己的售前工程师是最理想的，但也是成本和风险最高的。因为培养新人不仅消耗资源，而且好不容易培养出来的人才，也未必留得住。

做研发、做销售，因为岗位目标明确，工作 1 年之后就小有心得，工作 3 年就可以成为骨干员工，而且职业发展会进入快车道。

做产品营销，因为工作定位比较模糊，如果没有公司平台支撑、没有人指导，靠个人摸索是很难快速进步找到成就感的。而当他们好不容易找到感觉了，可能又想换个地方、换个公司了。

有些公司搭建了不错的平台，并建立了系统的人才培养机制，应届生从进入公司第一天起就能系统学习产品技术、市场营销、售前支持等一系列岗位的工作技能，不仅可以在这些岗位上边工作边学习，而且有专人进行传帮带（比如安排一对一的长期职业导师）。这样培养出来的员工，不仅基础扎实，工作上手快，而且对企业的认可度也会很高，愿意在公司长期发展的可能性大大增加。

在一些更规范的公司，只要是发生了岗位调整，新部门就会安排专门的"导师"进行在岗辅导，以便让部门的"新人"尽快度过转换期，快速进入工作状态。

任何人在一个部门、一个岗位工作时间长了之后，都会有工作疲倦期。建立合理的公司内和部门内轮岗制度，既能够让人才发展得更加全面，让他们每个人都能适合多种岗位，又能避免因为一个人的工作调整影响全局的情况。

我反对给任何人"贴标签"，因为每个人都有想做得更好的愿望，而且人的潜力是无限的，只要他愿意改变。

企业培养人才、留住人才和发展人才的最好方法，就是让他们做有价值和有挑战性的事情，而且要有效果反馈；而废掉一个人才的最好方法，就是闲置不用。

而人才，会永远感激那个既能"折腾"自己，同时又能牵引自己进步的平台。

9.7 产品营销招聘面试题和解析

企业招聘的目的是找到合适的人才，而非故意为难求职者。

应聘求职就是"展示自己"，而对产品营销岗位的应聘求职更是要把自己当作"产品"展示——如果应聘者连自己都不了解，连自己身上的"亮点"都展示不出来，我们怎么能相信他能在客户面前展示公司和产品方案的亮点呢？

所以在招聘开始时我会给应聘者比较大的发挥空间，看其能否（先在无压力的情况下）把自己的实力展示出来。毕竟产品营销的工作，必须有自信＋包装＋展示。

以下是常用的一些面试题，看一个人有没有做产品营销的潜质。就算求职者提前看到了这些问题，提前做了准备，也不会影响我们对他的判断。

9.7.1 介绍一下你自己（不超过 3 分钟）

说是做"自我介绍"，其实就是看应聘者能不能快速把自己的亮点展示出来。尤其在互联网时代，不怕没优点，就怕没特点。怎样让客户快速记住公司、记住自己是一个营销人员的基本功。

这个问题可以更延伸一步：用三个关键词阐述自己的特点，每个特点用一个典型案例简要说明。

你可能会用很多词汇描述自己，比如乐观、勇气、靠谱、学习能力强、善于合作、积极主动……如果没有具体的案例说明，很容易流于表面，而说出具体的案例，里面就包含着一个人的价值观。

你会发现，不同的人对于什么是"乐观"、什么是"靠谱"、什么是

"学习能力强"的理解是千差万别的。

9.7.2 谈一下过去的工作（社会招聘有效，3~5分钟）

这个问题其实包括了三个小问题：

- 你过去的工作岗位是什么？
- 你过去的岗位职责是什么？（绩效要求）
- 你过去的工作对项目、对公司、对客户有哪些价值?

通过这几个问题就可以区分面试者的自我定位是"砌砖的"还是"建楼"的。

我遇到过一个工作了2~3年的朋友想从售后转售前，他对自己的工作描述就是："我负责把硬件模块单板插进去，在网管上调通。"至于这个单板对客户运营有什么帮助，竞争对手的对应单板性能如何，他几乎一无所知。

所以说，"有5年的工作经验"和"有一个工作经验，用了5年"，是完全不同的。

9.7.3 谈一下做过的项目

- 说说做过的最成功的项目；
- 说说做过的最失败的项目；
- 说说做过的印象最深的项目；
  ......

事实上，几乎没有完全成功的项目，也没有完全失败的项目。每个成功项目的背后，也有需要反思的地方；而有些失败的项目，如果处理好了，也能为其他项目的成功打基础。而且在项目的运作过程中，对于成功的项目，他起到的作用是什么？对于失败的项目，他有没有想办法补救？

有些人在描述成功的项目时，会夸大自己的作用，而在描述失败的项目时，又会下意识地想撇清一些责任。这本没有错，但是需要适度，不能太过分。他在工作中是否有担当，一看即知。

对于那些吹得太过的，面试时可以"欲擒故纵"，问个令他措手不及的问题，看其临场应变如何。

至于那种说自己"只做过成功的项目，没有做过失败项目"的人，就不要聘用了，至少他对"什么是成功的项目"都没有清楚的认识。

9.7.4 有没有市场一线工作经验

其实这个问题就是了解面试者的以下情况：

- 过去的工作中，有没有与客户打过交道？
- 与什么行业、什么层级的客户打交道比较多？
- 是用什么身份与客户打交道的？
- 与客户聊的什么项目？谈的什么内容？聊到什么程度？

像那种完全没有市场经验的人，或者只做了一部分工作而且没有团队意识的人，很多项目运作的细节根本就编不出来，或者说得漏洞百出。

如果面试官是一个市场运作的老手，基本上立刻可以判断出面试者的水平。

9.7.5 为什么想应聘产品营销这个职位

这个问题主要是为了了解面试者的以下情况：

- 对这个职位的理解；
- 对个人职业发展的理解；
- 对意向公司的了解程度。

这些问题的答案没有绝对的对错，但可以看出面试者是否提前做了功课，有没有用心。就算是编故事，用心编的和没用心编的，差距也很大。

至于他能在公司做多久，是否愿意在公司长期发展，这些靠"拍胸脯说话"的问题，网上都能找到各种"标准答案"，能说得热血沸腾。这些就没有必要详细问了，问也白问。

企业招聘和面试的技巧千千万万。虽然有很多包装和拆包装的"套路"，但是很多底层的东西，是根本藏不住的。即便如此，技术团队招聘市场销售人员，看走眼的案例仍然很多。现在我们就把"题库"亮出来，就算开卷面试，一样能招到合适的人才。

虽然不同的企业和岗位具体的要求不一样，但上述面试题和解读还是有普遍参考价值的。

伍

精英创业篇

第 十 章

从职业精英到企业领袖

前文提到过，技术营销岗位非常有助于建立"老板思维"，因为在这个岗位上，要像老板一样思考怎样去做好内外沟通、跨部门协调、多角色协调。这个岗位对人的锻炼是多维度的，因为它要求技术营销人员不能仅仅从技术或销售、财务、交付等单维度考虑问题，而是要通盘考虑很多问题，几乎涉及公司运营的方方面面。

本章我们就来讨论，究竟怎样才能从技术营销专家成长为企业领袖。

10.1 从"空降兵"必须带"资"入伙谈起

企业往往会遇到一个问题：能不能用"空降兵"？

职业经理人也会遇到一个问题：能不能做"空降兵"？

此处的"空降兵"，不是指基层执行岗位，而是指中高层管理和经营岗位。

站在老板的角度，当公司的发展遇到瓶颈，老员工和老思维已经很难再有新的发展时，的确需要有高手来带领团队实现业务突破。

而站在个人的角度，这个老板的确是真心诚意地邀请我去他们公司带团队，拿项目；这个公司所在的行业前景不错，而且老板和我也聊得来。我要不要接受这个职位？

很多企业在刚刚跨过"生存期"，业务需要大发展的时候，喜欢从大企业挖"空降兵"到公司带团队，但效果往往不尽如人意。何况，有的大公司对于离职员工是扶持的态度，有的大公司则是全力打压的态度。

因为在大公司的平台上，已经有了相对完善的流程和制度，大多数人的工作都已经能够按部就班地完成了，所以一个"管理和协调能力很强"的中高层管理者，才有可能发挥出自己的能力。

很多"精英"并没有经历大公司前期的发展过程，只知道大公司既有流程，压根儿就不知道很多流程和制度建设的背景是什么以及建立这些流程时到底有哪些纠结的地方、经过了哪些内部博弈和争吵、公司付出了多大的代价……他们作为"空降兵"，只会把大公司的东西"整体平移"到其他公司，最终的结果一定会出现"排异反应"。

每个公司都有自己的发展历程和企业文化，不能抛开公司的发展历程搞改革。公司的现有员工多半会更认可曾经带领他们"打江山"的领导，更认可曾经跟他们"一个碗里喝酒吃肉"的领导，哪怕这个领导的思维已经僵化了，只要其人品还过硬，就依然是他们的"精神领袖"。

如果此时架空他们的原有领导，让一个"空降兵"过来带团队，哪怕这个"空降兵"能力再强，也很难在短期内驾驭整个团队的运作，甚至会造成团队的分崩离析。

难道做"空降兵"一定不会有好结果吗？

也不一定。

有一种"空降兵"在任何企业都会比较受欢迎，那就是能够"带资进场"的：要么能带资源进来，要么能带资金进来，最好是兼而有之。

比如该公司只有华南片区的业务，你可以带来华中或华北的市场关系；公司只做南方的项目，你可以带来全国的项目；你能让公司融到更多的钱或拿到利率更低的贷款……

总之，你不能只在公司原有的锅里分粥，而是能自带干粮入伙，甚至还能在原有的锅里加料。

现在的公司越来越务实，几乎没有人会相信一个空有一身"能力"，却无法带任何资源入伙的"空降兵"。有些在大公司任职多年的"管理高手"，个人学历和工作履历极其漂亮，其实手头的资源极其有限，离开原有平台之后，还有多少资源傍身，是需要好好掂量的。

作为靠市场生存的企业，经营权一定要大于管理权。空有"管理能力"却没有"经营能力"的人，是不能放在重要岗位上的。

就算你熟稔各种市场模型分析方法，知道各种流程和制度搭建过程，还能写出很好的汇报 PPT……这些都很重要，都是"加分项"，但不是"决定项"。因为最最重要的，还是你能否直接"带资进场"，而且必须是现成的资源或资金。空有一身"能力"却无法带"资"进场，是没有说服力的。

作为"空降兵"，你不仅要能把自己的事情做好，而且要能赋能企业的其他部门，让他们也能更好地完成业绩——不是跟他们分羹，而是能让他们都能做大自己的蛋糕！

有人恐怕会说：这哪里是"空降兵"，这就是企业合伙人啊。

对！无论你是否愿意，作为一个"空降兵"，尤其是企业高层"空降兵"，你的定位和积累，尤其是你的意识，就必须是一个企业合伙人。

下面，我们就从企业合伙人的高度来阐述从技术营销到企业经营的"关键一跃"。

10.2 技能延伸：从产品营销到资本运作

产品营销做的是赚钱的事情，而资本看重的是值钱的事情。这二者看似矛盾，甚至有人高喊"格局要大，要做值钱的事情，不要总盯着眼前赚不赚钱"。

站在资本的角度考虑，一个公司，要么是其技术很值钱，要么是其占领的市场很值钱。它们评估公司的价值，往往是看公司有没有顶级的技术"大牛"，有没有占领价值市场，尤其是能否做成市场的"头部"企业，然后通过资本运作和上市，把之前花掉的钱几十倍上百倍地赚回来。

这样的逻辑，到底是好是坏，这些年发生的事情，大家心中自明。

10.2.1 从技术营销到创业融资

投资人很少会告诉技术类创业者"你需要一个专业的解决方案和产品营销团队来做方案和市场战略规划，尽量通过产品销售和市场运营养活自己"；他们甚至会"威胁"创业者："如果你不听我的话，不让我参股，我就投资你的竞争对手……"

而作为一个技术创业者，如果你连包装产品都不熟悉，产品都卖不出好价格，怎么可能把公司包装好，把股权卖出好价格？

要知道，投资人比客户精明得多。如果你们连市场客户都搞不定，遑论搞定投资人。

我不止一次看到，技术"大牛"创业者在融资路演时，被各路投资"小妖"刁难得下不来台。

其实创业团队只需要一个专业些的解决方案和一个懂产品又懂些营销技巧的产品营销合伙人，这样的合伙人完全可以在台上应对自如，还能把公司卖出好价格。

这些"不宣之秘"，投资方怎么会告诉你们呢？它们巴不得你们把金条卖成稻草价呢。

作为一个产品营销经理身份的合伙人，过去的工作是分析市场客户需求，把产品和方案包装好，输出"××解决方案"，然后把产品和方案卖给客户；现在的工作是分析投资人的口味，把公司包装好，输出"商业计划书"，然后把公司（股权）卖给投资人。

虽然工作内容不同，但其底层逻辑和包装方法、PPT展示和宣讲话术等操作层面的技巧却有很多相通之处。

10.2.2 从技术营销到风险投资

"投资人"，尤其是初入行业的"投资人"很多是做财务出身，他们可能对国家政策、行业规则、企业财务报表研究得丝丝入扣，但缺乏真正的产业和企业运营经验，他们对于企业到底是怎么运营的，什么样的企业和团队才会有成长空间，其实了解并不多。

前面提到过，就像你不可能把世界杯参赛球队的球员身价相加，凭哪支球队的总身价最高来判断它会最终夺得世界杯冠军一样，预测企业的发展潜力，也不可能仅看表面和报表，更要研究企业运营的细节。

几乎每家企业面对投资方时，都会或多或少地有所包装，怎样识破这些包装呢？投资人当然需要几个高参：技术顾问、行业顾问、HR顾问、市场分析师，还要做很多的尽职调查（尽调）工作。

哪怕是一个最普通的投资经理，他1年看过的项目，少说也有数百个，1天看五六个项目也是常态。他不可能对每个项目都动用这么多资源做尽调，必须要有足够好的眼光迅速对项目进行"初筛"，把那些一看就不靠谱的项目先筛出去。他必须有能力很快地对相关企业从技术、营销、行业分析、企业架构、HR 等方面进行基本情况的评估，或者有这么一个人可以帮他快速进行"初筛"。

什么人能有这样的能力呢？当然是产品营销经理。因为他在日常工作中，本来就在不停地和各个部门打交道。随着项目经验的日积月累，他自然就能评估出来"这个研发经理的能力很强、那个销售团队的能力不足、这个 HR 的专业度不够……"，他甚至也能迅速判断比他职位更高的领导的水平。

所谓"不怕不识货，就怕货比货"，他见得多了，自然就能很快辨别出来了。

其实产品营销经理对融资项目有个很好的评估标准。他们只需对这个想融资的老板（公司）做基本了解和接触，然后回答以下两个问题：第一，我愿意去这个公司上班吗？第二，我愿意在这个老板手下工作吗？

如果这两个答案都是"是"，再去做详细的尽职调查。这样会节省大量的评估时间和沟通成本。

单独看，产品营销经理的技术、销售、管理、交付都不是最专业的，但是综合看却不一定，因为他早就在跟这些部门 PK 过无数轮了，并且在 PK 中学习进步。

企业投资，80% 就是投这个企业团队，20% 才是投商业模式和财务报表。而对团队能力的评估，恐怕产品营销经理的眼光是最犀利的。如果他们再学习一些资本运作的底层逻辑和工作技巧，就可以切换赛道，让职业发展迈向一个全新的高度。

其实，无论是创业融资还是风险投资，本质上是"一体两面"的，这二者的思维模式和能力的相似度很高。所以我们经常会看到创业成功者转去做投资人，或者投资人发现了不错的机会而去做项目。

10.3 企业估值：从买卖产品到买卖公司

前面我们讲了很多关于产品营销方面的技巧，假设你已经成长为公司的合伙人，需要考虑的就不再是某一种或某一类产品的营销，而是公司层面的运作，即如何对自己的公司进行估值以融资（或收购其他公司）。

换言之，过去你的工作是卖产品，现在你的工作是买卖公司。这两者是有很大区别的（见表 10-1）。

表 10-1　卖产品 vs 卖公司

	卖产品和解决方案	卖公司（股权）
面向对象	客户（用户）	投资方
目的	获取利润用以公司发展	获取资金用以公司发展，或者套现退出
关注点	销售额、利润、交付、回款	企业估值、股权出让比例、投票权
企业经营策略	做赚钱的事	做值钱的事
营销与包装	让产品和方案更贴近用户	让公司更符合投资方的口味
材料准备	产品和解决方案、宣传材料	商业计划书、财务报表等经营数据
主要工作	直销（分销）、系统集成（被集成）、招投标、谈判，等等	路演、确定投资方意向、尽职调查、财务审计、投决会过会，等等

先看看三个常见的场景。

场景 1：在看到"×× 项目融资 ×× 万元，估值 ×× 亿元"的消息时，很多人都会琢磨："他的项目凭什么值那么多钱？我的项目值多少钱？怎样评估我的项目价值呢？"

场景 2：今天下午就要见投资人了，我该怎样向他开口要钱呢？要 500 万元还是 1000 万元？给他多少股份？怎样应对他的压价？

场景 3：这些年 A 公司一直是我们在市场上最强劲的对手，同时我们双方也有很强的互补关系。他们强于市场营销，我们强于产品技术。如果我们双方能强强联合，整个市场就会被我们控盘。恰好我们最近获得了一笔融资，可以用于收购或参股 A 公司，那么 A 公司到底值多少钱呢？我们又需要出多少钱参股呢？

企业和项目的"估值"问题，几乎是每一个经营者、创业者都绕不开的问题。但是，如果公司成天想着估值而忽视了市场和客户，很可能会本末倒置。作为老板，就需要对企业估值有很清晰的认识，这样才不会被投资方或融资方牵着鼻子走。

需要明确的是，估值高是你这个企业和项目运作得好的结果，而不是原因。

其实，"这个企业和项目值多少钱"应该分解为下面几个小问题，把这几个小问题想清楚了，估值就有谱了。

（1）这个团队想做成什么事？（符合 SMART 原则，数据和时间点清晰可验证）

（2）做这件事需要花多少钱？（财务预算符合常识）

（3）做这件事已经花了多少钱？（前期财务报表经得起查）

（4）业界的平均水平如何？（竞争情况，可以做 SWOT 分析）

（5）出让股份比例是多少？

下面逐一分析作答。

（1）这个团队想做成什么事？

答：我们想用半年时间，让我们的 App 用户从 50 万个拓展到 500 万个。

（时间点、目标务必清晰而且要有时间点和具体的数据支持，一般来说，融资的底线就是半年到 1 年需要花的钱。）

（2）做这件事需要花多少钱？

答：为了达到我们的目的，我们需要以下支出。

①人员工资。市场人才储备市场总监 1 位，线上营销 10 位，线下拓展 20 位，技术人才储备研发人员 8 位，维护人员 5 位，加上现有的人员，工资共 ×× 万元。②市场拓展活动费用。每个月 3 场活动，每场预算 ×× 万元，合计 ×× 万元。③新增省外办事处费用。5 个办事处，每个需要 ×× 万元，合计 ×× 万元。④其他费用 ×× 万元。

总计需要 ×× 万元。

（3）做这件事已经花了多少钱？

答：为了获得现有的 50 万个用户，我们用了 1 年时间，研发费用 200 万元，市场推广费用 500 万元。获得每个用户的成本是 14 元。

比如依据上述花费推算，半年内达到 500 万个用户可能要花 6000 万元，这个数据又要和问题 2 的财务预算相符，或者你能说明后期的用户拓展会越来越容易或困难，因此财务预算会有偏差。

能提供前期详细的财务报表。

（4）业界的平均水平如何？

答：业界获得用户的平均成本是 50 元，远高于我们。

（如果我们获得用户的成本比业界平均水平高，我们的项目运作很可能会有问题，我们做的就是"亏本"买卖。我们团队的估值不高，融资可就难了。）

（5）出让股份比例是多少？

答：根据前面的推算，我们本次需要融资 6000 万元，占股 10%（公司估值 6 亿元），主要用于半年内的用户推广。

如果半年内用户数能达到 500 万个或以上，投资方不得退股，并有下一轮追加投资的优先权；如果半年内用户数达不到 500 万个，投资方可以考虑由被投资方出资回购，回购价格不低于投资金额 + 半年利息。

备注：从天使轮到 A 轮、B 轮，创业者应该都是该项目的最大股东。几轮融资下来的出让比例之和一般不超过 49%。换言之，每次融资出让比例应该在 15% 左右。

作为技术营销出身的公司合伙人，心里一定要有两笔账：你手头的这个项目能够通过市场销售获得多少利润？能够让公司在资本市场上增值多少？

这两个问题直通企业的最高战略：做赚钱的事，还是做值钱的事？

10.4 怎样写商业计划书

作为企业的合伙人，往往要撰写商业计划书（Business Paper，简称 BP）用于企业融资，就是上文所说的"卖公司（股权）"。而很多创业者一听说要写商业计划书，还要上台路演，就觉得很头痛。

其实，虽然"商业计划书"和我们前文讲过的"市场项目评估表""解决方案建议书"的目的不同、面向的对象不同，但底层逻辑却有相通之处。

和"市场项目评估表"类似，创业项目也有评审打分表（见表10-2），把这表上的问题都回答清楚了，你的"商业计划书"也就拟好了。

表 10-2　创业项目评审打分表

	评审内容	评审标准	分值	得分
1	我们的项目，究竟是什么	用一句话讲清楚项目究竟是什么，比如产品、技术、平台、服务等务必精确	10	
2	我的客户（用户）是谁	客户的定义、属性。比如是集团用户还是个人用户，用户的年龄、行业、性别、职业等，越精确越好（卖给所有人就等于没有用户，本项得分为 0）	10	

（续表）

	评审内容	评审标准	分值	得分
3	我们项目的市场总容量一共是多大？数据来源是什么	市场的描述：是新市场、传统市场、细分市场、区域市场、行业市场、年龄市场？1 年的总容量最多有多少？至少有多少？数据来源与推算过程务必可靠。符合逻辑和常识或者来自权威报告	10	
4	我们的竞争对手是谁	清晰描述目标市场的竞争态势。各个竞争对手的市场占比，以及针对主要对手的 SWOT 分析（没有对手就是没有市场，本项得 0 分）	10	
5	我们的盈利模式是什么？可以分多大的蛋糕	怎样赚到钱，1 年最多赚多少，至少赚多少，务必符合逻辑和常识	10	
6	为什么我们能做这个项目（核心竞争力）	为什么我们能做，为什么只有我们能做，为什么其他大公司不做，如果他们要做，我们怎样应对	10	
7	我们的团队构成如何（精兵强将，实用之道）	团队全职人员的构成情况。技术、营销、管理等岗位是否明确。兼职及顾问、外部资源仅作参考，不作为团队成员考虑	10	
8	我们主要投入的成本（钱准备怎么花）	上限和下限是多少，最好有费用预算清单	10	
9	项目风险分析	从内部、外部等角度分析项目的风险，并做好风险预案。没有风险就是最大的风险，得分为 0	10	
10	我们需要得到什么样的帮助？（钱、渠道、技术、团队等）	清晰描述项目现阶段需要得到的支持。如果是融资，请标明融多少，所占股份多少，本团队估值的依据	10	
得分			100	0
以下为加分项				
1	我们现在的盈利情况如何（重要加分项）	能够提供现阶段的运营账务情况（哪怕是亏损的也行），并且能够指出盈利的主要瓶颈和突破方式	10	
2	退出机制（上市、被收购，还是 B 轮融资？）	谨慎而务实地描述投资人的退出机制。参考业界相同或相似项目的发展模式	10	
得分			20	0
总分			120	0

一共是 12 个问题，每个问题用 1 ~ 2 页 PPT 回答，12 ~ 15 页 PPT 就

能把项目写清楚。这就是一份不错的"商业计划书"了。

前面总分 100 分，能够准确回答 70 分以上的项目就值得一试。

10.5 不可一味追逐"资源"

作为企业合伙人，你会经常听到某人神秘兮兮地说："嘿，我认识××，有项目资源。"在项目操作的工程中，也往往会感慨："做这个项目，如果有××资源就好了。"

某些类型的聚会更是蜕变成卖弄各种"资源"的饭局，每个人都神采飞扬，似乎"一切尽在掌握"。

你可能会被这些表面的浮华所蒙蔽，以为这些资源真的能帮助自己，最后却走了弯路。现在我们就来破掉"资源"的局！

10.5.1 "资源"真的有用吗

资源当然有用，但它只会对某一类人（往往是有准备和有积累的人）有用，对于没有准备没有积累的人，其实是没啥用处的。"资源"所起到的作用，往往是锦上添花，而非雪中送炭，千万不要把项目或人生成败的关键放在某个"资源"上。

如果你想利用好某个资源，首先你自己也得"有两把刷子"，一个很浅显的道理：那些有"资源"的人也要找靠谱的人合作，而不会找庸人合作。如果你想做某个大厂家的经销商，你总得有自己的销售渠道吧；如果你想接住某个工程建设项目，你起码得有自己的工程团队吧。

10.5.2　小心资源变成枷锁

"资源"往往是有局限性的，其局限性可能体现在时间、空间以及操作方式上，也可能兼而有之。这是"资源型"项目几乎无法逾越的障碍。

企业在起步阶段，如果能有好的"资源"帮助，通过研究"资源"的需求形成产品，快速实现"产品服务化"并赚到钱，完成"从 0 到 1"的积累，这无可厚非。

而当企业发展到"从 1 到 N"的阶段，需要做"服务产品化"，需要到现有资源覆盖不到的地方拓展市场时，你现有的资源可能就帮不上忙了，甚至会变成公司发展的枷锁。

10.5.3　少谈资源整合，多谈资源交换

现在社会上有很多人在做"资源整合"，比如做个沙龙、搞个红酒会、开个咖啡厅什么的。不过坦白讲，很多做"资源整合"的人往往并没有什么核心资源。因为市场经济的常识是，资源只有交换才能产生价值。其实真正有资源的人，谁会到处炫耀"我有资源"呢？

无论是从职业发展路径还是从创业项目来说，与其成天琢磨如何整合别人的"资源"，不如把精力放在自己创造能够用于交换并产生现金流的产品和项目上。好的资源，一定不是挖空心思整合来的，而是通过自己的价值吸引来的。

10.5.4　什么才是真正的资源

真正的资源来自企业内部，来自企业对市场的把握，来自高效的企

业管理和执行团队，真正的资源就是企业的核心竞争力。先有运营良好的企业和团队，有了自己的"一亩三分地"，才谈得上利用外部的资源做大做强。

所以说，千资源、万资源，能把自己的产品和企业做好就是最好的资源。

10.6 职业精英思维的六个面

作为一个优秀的职业经理人，你的思维应该至少具备六个面（见图10-1）。

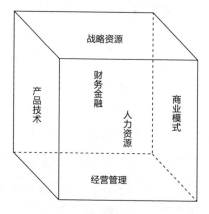

图 10-1　职业精英思维的六个面

如果经过多年的职场历练和自我提升，或者在某些商学院学到了很多概念和案例，你现在能够和懂技术的人聊技术，能和懂财务的人聊财务，能和懂渠道的人聊市场销售，你就是一个优秀的职业经理人了。

10.6.1 产品技术的产业化和商业运作

真正的产品技术专家往往对某种产品技术的理解很深。但是如果想转型做技术创业型的老板，除了对产品技术的理解，更重要的是能够将相关技术进行产业化和商品化，最终从市场上获益。

我们曾经见过很多技术专家创业，无一不是对自己的技术能力非常有信心，对市场前景非常看好，往往有些"迷之自信"。此时一定要从多个维度审视各种具体问题（见表 10-3）。

表 10-3　各个维度的具体问题

序号	关注维度	具体问题
1	对客户需求的理解	你们的产品技术究竟能解决用户的什么问题，能够给客户带来什么好处，是降低了客户成本还是提高了客户的收益或节省了客户的时间（能提供详细的测算或实际案例）
2	对市场竞争的理解	现在市场上有没有同类产品，和同类产品相比你们的优势是什么，市场上有哪些竞争对手，是否会打破或触犯现有的产业格局和利益分配格局
3	对成本和价格的理解	你们的成本构成和价格是否存在优势，比竞争对手获得更高额的利润或更快回款的方式是什么
4	风险认知与控制	你们这个项目可能存在哪些风险，如何做好风险控制

我们不要执着于验证他们的产品技术是不是更好，而要从客户的角度、市场的角度、竞争的角度、财务的角度、风险控制的角度考察他们是否对产品做过深入的研究。我们不仅要验证他们的产品技术，更要验证他们是否具备宏观和多维度思维的能力。

产品类型和核心优势直接决定了商业模式和市场运作模式。很多技术专家团队的优势就是做理论和技术创新，而产业化和商业运作则是他们的短板。如果他们没有很好的产品和商业合伙人团队，我会建议他们扎扎实实把技术研发和专利保护做好，然后直接把专利和解决方案卖给能够做产业化的公司，自己不要陷入具体的产业化运作中（向高通学

习还是向华为学习）。这样的模式，最能体现自己的优势，而且能避开
风险。

作为技术专家，如果不懂商业运作的模式，或者对自己的能力估计
有偏差，往往会犯两种错误：一是贱卖专利和知识产权，使得自己和团
队不能随着产业的发展获取更大收益；二是漫天要价，造成和产业化团
队的谈判无法进行。

一家从事乳酸菌技术研究的研究所，大约 20 年前把自己研发的乳酸
菌生产技术以 15 万元的价格一次性卖给 A 公司。后来，市场上的"功能
饮料"逐渐热销，A 公司开发出来的乳酸菌饮品年产值数以亿元计，之前
那家研究所的专家们痛心疾首，后悔当年没有用专利置换对方的股权。

我还见过一个技术"大牛"，是国外某知名实验室的主管，也是世界
著名大学的终身教授。他言必称自己的产品技术如何厉害，"随便卖出去
都能发大财"。面对这样自信的"技术大牛"，基本上没有产业合作的可
能性。果不其然，他的项目至今困难重重。

10.6.2 商业模式的精准定位

不同的行业、不同的公司、不同的老板背景，商业模式完全不同。
企业最大的风险不是盈利模式太少，而是盈利模式太多，一定要斩除妄
念，发挥主要优势，有所为有所不为。同一个公司主要的盈利方式原则
上不能超过两种。

随着移动互联网的兴起，尤其是资本方的兴风作浪，这几年"商业
模式"的思维有些被"神化"，甚至被拔高到"无所不能"的程度。我认
为离开市场需求和有竞争力的产品空谈"商业模式"完全是自欺欺人，
资本方的击鼓传花游戏终将害人害己。

我们认为，那种"一手交钱、一手交货"的商业模式就很不错。如果你们是做产品的公司，那就做好产品，卖产品收钱；如果你们是做服务的公司，那就做好服务，卖服务收钱；如果你们是做基础研发的公司，那就做好专利，卖专利收钱；如果你们是做渠道的公司，那就做好渠道，卖渠道收钱；如果你们是做广告的公司，那就做好广告，卖广告收钱；如果你们是做 PPT 培训的公司，那就做好培训课程，卖课程收钱……

你们的商业模式取决于你们的自我定位是一家什么类型的公司。

对于老板来说，设计商业模式面临的最大问题不是模式太少，而是模式太多。很多老板之所以企业做不成功，就是因为"想法太多"，什么钱都想赚。而真正的好老板就是"明知道有五种能赚到钱的方法，我只赚最符合企业定位的那 1～2 种（一个主要一个次要），其他的钱让利给客户和合作伙伴"。多数情况下，商业模式设计超过三种的企业，基本上属于对自己企业的定位不清晰。

做"解决方案"的公司需要注意，解决方案会涉及产品开发、产品销售、售后服务，甚至客户个性化定制等方方面面，对于中小型企业，这意味着公司要把为数不多的资源用在好几个方向上，成本和风险会成倍增加。

例如一家做物流信息化的公司，由于业务发展的需要，其解决方案除了需要和最终客户（物流公司）对接，还需要和运营商对接（流量卡运营），和银行及小额贷款公司对接（流水和担保），和保险公司对接（卖保险服务），和司机对接（安装 App），等等，其商业模式的设计就需要做取舍：到底通过什么方式获取客户（流量），通过什么方式获取利润。

所以，企业选择何种"商业模式"，取决于自我定位是什么样的公司，而自我定位又取决于自己的核心优势（产品）。一家公司能够从自己最有优势的地方赚到钱，这就是成功的开始。

先把上述最根本的问题想清楚了，然后再确定具体的市场模式和销售模式：

（1）我们的用户究竟是谁？怎样找到他们？他们有没有钱付给我们？怎样付钱？

（2）做直销还是做分销？如果做直销，先从哪个地方、哪个行业开始做起？如果做分销，渠道政策怎么设计？怎样去寻找渠道？

（3）要不要参加招投标？是采用我们的品牌投标还是采用别人的品牌投标？

（4）要不要做互联网营销？怎样做互联网营销和推广？线上和线下如何形成联动？

（5）要不要做广告？怎么样做广告？要不要做微博营销、微信营销、公众号推广、短视频、直播？

（6）我们的同行中，谁是我们的友军？谁是我们的竞争对手？在何种情况下与谁合作？

（7）假设我们的产品的确很有"颠覆性"，如果引起竞争对手的"群起而攻之"该如何应对？能不能找到大平台做支撑？

……

很多"老板"，连 to B 和 to C 的业务模式有什么差别都不清楚，看到别人开了网店，自己也开个网店；别人做微营销，自己也做微营销；别人做自媒体，自己也做自媒体；别人做云端大数据，自己也做云端大数据，别人做直播，自己也做直播……由于对自己企业的定位不清晰，他们的运营策略就是"别人有的我们也要有"，盲目招人又盲目裁员，造成企业资源的极大浪费，企业核心业务发展乏力。员工在这样的企业里也会变得无所适从，要么疲于奔命，要么人浮于事。

10.6.3 财务思维与金融工具的运用

首先，从价值观上来讲，企业存在的目的应该是满足市场客户的需求，而不是"做账好看"。企业不关注财务指标和只关注财务指标，都是难以稳健发展的。

企业的财务数据就像人的体温，是企业运行状态的表现，但是你很难去控制体温。如果你吃饭营养搭配合理、经常锻炼、作息规律，身体素质好，体温自然就会正常。如果你身体素质比较差，经常头疼脑热，体温当然就会不正常。

有的企业有情怀、有技术、有团队、有产品，但就是没有良好的财务指标，盈利能力偏弱，企业的市场拓展和进一步融资都受到影响。如果你是一个创业团队，在天使轮融资时还可以靠情怀和激情打动投资人，但到了 A 轮、B 轮融资，就得看企业的经营数据了，至少需要提供财务的三张表（资产负债表、利润表、现金流量表）。一个合格的老板应该从企业成立起就持续关注企业的经营数据。

还有一类企业，成天围绕着财务做文章，为了做账好看，该投入的不投入，该放弃的不放弃，关注企业市值和估值多于关注市场动态和客户需求，美其名曰"市值管理"，这就是舍本逐末了。

其次，老板的"财务思维"绝不仅仅体现在企业财务指标上，更体现在产品的市场策略等具体的经营行为上。比如，很多老板对自己的产品和解决方案赞不绝口，但就是讲不清楚到底会为客户带来多少好处，或者为客户节省了多少运维成本，最终只能陷于价格战的深渊不能自拔。

不只是老板需要具备"财务思维"，市场销售人员如果不懂财务也是不合格的。前面提到过，因为最高明的产品销售策略就是让客户把"购买产品"变成"项目投资"，与其说是在向客户推销产品，不如说是让客户（在使用了我们的产品后）享受更高的投资回报率。我们和客户之间的关系，不再是买卖关系，而是"价值同盟"。在这样的角色条件下，客户不再是你的谈判对手，而是你的合作伙伴，而且客户买得越多，赚得越多。

最后，金融和资本只是工具和手段，不是企业经营的目的。不懂金融工具的公司很难做大做强，而迷恋金融工具的公司，主营业务会逐渐被掏空。

现在市场上有很多企业需要找融资，也同样有很多的资金需要找出路。企业要在经营良好、不缺钱的时候谈融资，这个时候才能够理性地进行估值和谈判。这就像人在饿极时看见美食很容易暴饮暴食，只有在还没那么饿的时候才能理性进餐。投资方更青睐能扎扎实实做企业的人，而不是只会讲故事圈钱的人。

不同的行业对资本的需求和使用方法是很不一样的。有的行业追求"爆发性"，追求短时间内的高速增长，比如移动互联网；有的行业则是长跑型选手，比如制造业、教育行业、农业等传统行业，太追求爆发性就会出问题。

总之，企业只能利用资本，而不能被资本绑架。当你理性的时候，资本会比你更理性；当你贪婪的时候，资本会比你更贪婪。

10.6.4 人力资源与企业文化

有人说，老板的主要工作就两个：用人和赏罚，甚至"老板要花50%的时间用在招聘和人才沟通上"，这是非常有道理的。企业中最大的HR 就是老板自己。

在开始创业搭建核心团队时，老板需要非常清楚地知道：我是谁？我要做什么事情？我的优势和劣势是什么？我需要找什么样的人合作……

　　企业具有一定规模后，老板对很多事情不能亲力亲为了，这时就要通过建立制度来完成人事工作了：应该选择把什么样的人留在企业？应该提拔什么样的人成为管理者？应该实行什么样的薪酬体系和奖惩机制？什么样的人可以作为企业的股东或期权持有者……

　　不同的行业、不同的企业和不同的业务类型，所建立的机制完全不同。

　　以"薪酬体系和奖惩机制"为例，比如对于销售部门而言，是采用项目提成制还是采用季度或年度考核制，是采用"低工资高提成"还是"高工资低提成"，项目提成是按照销售额提成还是按利润提成或回款提成，考核的赏罚是先个人后部门还是先部门后个人？对销售人员来说，奖惩机制越简单明了越好，太复杂会让其觉得公司在算计自己，但是太简单粗暴有时候会显得企业过于"冷血"，也会影响士气。

　　现在很多企业都在搞"企业文化"建设，但是搞得好的并不多，根本原因往往就在老板自己身上。如果企业文化所宣扬的和公司实际执行的完全是两码事，员工当然不屑一顾。企业文化的本质就是老板内心世界的外在反映，一个阴郁苦闷的老板不可能带出阳光积极的团队。

　　如果老板是个倾向于用守成的人，执行力强的、想做事情的人就待不下去；如果老板是个"拎不清"、很纠结的人，员工一定也会很纠结，就算是搞"流程建设"也会是很纠结的流程；如果老板的做事风格是"对事不对人"，那么企业就拥有以"做事"为主的企业文化；如果老板的做事风格是"对人不对事，经常翻旧账"，大家一定是互相盯着，随时打小报告……

　　其实，很多写在纸面上的"企业文化"大同小异，看一个企业是不是真的在落实企业文化，就看它有没有"企业习惯"。一定是先有"企业习惯"，后有"企业文化"。

所谓"企业习惯"，就是这个企业的员工普遍形成的工作习惯和行为方式。

比如，某公司的员工经常互相分享项目操作的心得，这个企业的文化就是开放的，共享的；再比如，某公司很重视守时，无论开会还是开展集体活动，从老板到基层员工都能提前到场，会议或活动准时开始、准时结束，那么我相信这个企业至少在时间上是遵循"诚信"的企业文化的。

"信任成本"是企业的主要成本之一，而通过人力资源制度，能够大大降低这种成本。如果企业中人与人之间的沟通都是在揣测对方是否在"挖坑"，人为地设置各种沟通障碍，那么这个企业的效率一定高不了。例如，某公司要求员工出差报销时标注每一张出租车票的起止地点，搞得大家苦不堪言，以至于大家都懒得出差了，总经理发现后才得以及时纠正。

10.6.5 经营管理与回归本质

关于企业经营管理，建议好好理解德鲁克的两句话：首先要做正确的事，然后才是把事做正确；优秀的企业很少做决策，只做重大决策，而平庸的企业几乎天天都在做决策。

很多企业老板之所以做企业经营做得极其痛苦，并不一定因为他们不聪明、不勤奋，而可能恰恰因为他们太"聪明"、太"勤奋"。或者说，他们把聪明和勤奋主要用在了战术层面上，以四处奔走"救火"为要务，而没有在企业战略层面上下功夫，显得短视而懒惰。

企业的经营管理涉及方方面面，而一个优秀的老板的思维和行为模式是：总能出现在第一线，但又能不陷入处理具体的事务；既能敏锐地感知市场变化，又能牢牢掌握前行的方向，就像在狂风大浪中漂泊的小船上那枚坚定的指南针。

如果老板自己没有把责权利划分清楚，没有培养出合格的、可信赖的管理层，那么企业大大小小的事情都得老板自己亲力亲为，而员工都在一旁看热闹。前些年流行一本书叫作《细节决定成败》，被很多企业奉为管理宝典。企业经营管理的细节成千上万，并非每一个细节都会决定成败。真正高水平的老板就是从成千上万的细节当中抓住最能决定成败的那几个加以解决，而把非"重要又紧急"的细节放手让员工去处理。这样，既能为老板减少负担，又能锻炼组织团队。

老板不是完全不应处理具体事务，而是要在处理具体事务的同时琢磨：下次谁能替代我处理这类事务？这个事务应该划分成哪几个更小的事情？

老板只需要处理最核心的事务，把非核心的事务交给其他人去处理。这样做的好处是，既能够快速把事情处理好，又能够锻炼员工为老板分担压力，使企业平台越来越强大。

企业所在的行业不同、所处的地位不同、市场定位不同，企业的经营管理模式就会完全不同。比如有的行业就是要"做大做强"，有的行业就是要"小而美"，有的行业是"大鱼吃小鱼"，有的行业是"快鱼吃慢鱼"……有的老板有自知之明，知道自己只能是 10~20 个员工规模的企业，3000 万~5000 万元左右的年产值，你逼着他去做大做强只会适得其反。

所以，作为企业的老板千万不要跟风，不要一股脑儿去"做大做强"，也不要一股脑儿去做"小而美"。行业不同，企业的总体战略和具体策略就完全不同。一个开餐馆的老板，老老实实把菜的味道做好，把服务体验做好，多多吸引回头客，过小日子是没有问题的；而前两年那几个会讲故事、闹得特别欢的所谓"互联网＋餐饮"企业，经营状况却每况愈下，他们每天都在琢磨怎样用互联网做"口碑营销"，可是故事讲得再好听，只要菜的味道没做好，价格还虚高不下，回头客自然会少。真可谓"成也口碑、败也口碑"。

具体到企业各个环节的运作（研发、生产、销售、服务、供应链、财务等），那就得回归到企业本身的定位。其实，只有极少数大公司需要把每个环节都做大做强，绝大多数公司只需要突出自己的核心优势即可。

之前有人提出过"微笑曲线"，大意是说做研发设计和品牌运作的组织利润率高，而做生产制造的组织利润率低，企业应该从低利润率的生产制造向利润率更高的研发和品牌运作转移。

事实上，看似高利润率的研发和品牌运作，也很可能意味着高风险。一个传统的生产制造型企业贸然向研发和品牌运作方向"转型"，很可能会给企业的经营造成巨大的风险。无论是资金使用的安全性还是企业团队的稳定性，都将遭受极大的考验。

从事制造业的企业，要做的就是安安心心把制造能力做扎实，把生产质量提上去、把生产成本降下来。

当大家都在膜拜那些"互联网+"营销手段的时候，OPPO和vivo却用最传统的方式做手机渠道营销，在不声不响之间已经把总销量做到在国内领先于同行。

10.6.6 战略与资源整合能力

要想做成"大事"，就要学会先看"大势"，看准大势所趋并能顺势而为是企业老板的必修课。几乎每一个老板都需要对"大势所趋"有足够的了解，并针对自己企业的情况做宏观战略策划和资源管理。"既要埋头拉车，也要抬头看路"。这里的"宏观战略和资源管理"主要包括以下几点：①技术和产业的发展趋势；②对市场影响巨大的宏观环境；③政府的政策和落实情况；④身边各类资源的管理。

了解并利用好上述几点是老板的必修课，任何一点的缺失都可能给企业带来灭顶之灾。下面我们逐一阐述。

技术和产业发展的趋势

随着媒体的高度发达，现在想了解国际上最新的技术趋势和产品展示越来越容易。而且老板作为企业战略决策人，就算不是技术专家，也必须对最新的前沿技术保持好奇心并足够了解。

有的企业老板过去追求技术优势，以"没有对手"为荣，其实这可能才是最可怕的事情（很多技术专家容易犯这种错误，过于迷恋自己的技术优势）。如果你感觉自己没有对手，很可能是以下这三种情况。

（1）你的技术和产品太超前，以至于真的是"没有对手"，但这样一来，你就需要付出大量的精力去教育市场和用户，或者付出大量的时间等待市场成熟。这对于资源有限的中小型企业来说可谓是困难重重，很可能夜长梦多。

（2）你所看到的那片市场，早就被对手分析甚至尝试过（现在极少存在没有被分析过的市场），不是他们没有发现这个市场，而是他们早就论证了这片市场不值得做。

（3）你的企业不是没有对手，而是你还没找到对手。说不定人家早就下手，甚至比你做得还先进。我们不止一次看到幻想着做"蓝海市场"的老板冲进一片早已竞争激烈的"红海市场"。

所以，有人说"没有对手的市场是不值得做的"。作为老板，与其选择一个"看上去没有对手"的市场，不如选择一个看得见竞争对手的市场。在多数情况下，看不见的对手比看得见的对手要可怕得多。

对市场影响巨大的宏观环境

宏观环境的诸多因素对市场影响巨大，比如人口老龄化；愿意从事重体力劳动的年轻人越来越少；劳动者的受教育水平和人力成本越来越高；年轻人继续向资源更多的大城市或超级城市聚集（全世界都是如此）；老百姓的整体消费升级；依靠信息不对称盈利的商业模式越来越难以维持；愿意花钱省时间的人越来越多（时间越来越值钱）……

如果企业的发展战略与宏观环境的变化趋势相违背，那么企业能长期发展的空间就很小了。比如现在还在继续依靠大量的低成本劳动力的企业，迟早会被采用劳动力成本更低的机器人的企业所打败；越是令人羡慕的"钱多事少、秩序性强、按部就班"的工作，越是容易被人工智能所取代；"价廉物美"商品的市场被那些"质感""设计感"和"品牌感"更强的商品所挤压……

尽量争取享受优惠政策

作为一个企业的老板，你必须了解自己的行业从中央到地方各级政府的相关政策，包括但不限于产业发展方向、财政、税收、各类补贴、金融政策等。

有的企业老板对政府的政策毫不关心，导致企业该享受的福利和优惠享受不到，比如申请企业的各项资质、人才补助和津贴、高新技术企业可以享受的福利待遇等。

所以，对于老板而言，在时间和成本投入允许的情况下能够享受到的政策优惠就要去尝试争取。

身边的各类资源的管理

现在社会上有各种各样的"圈子"，圈子里每个人都能够罗列出一大堆"资源"。没有足够的资源做支撑，很难成为一个合格的老板。但是作为老板，又不能迷信这些"资源"。**真正有价值的资源，往往不是整合来的，而是吸引来的。**

按照"六度空间"理论，地球上任何人都可以和另一个人拉上关系，中间不超过六个人。所以那些看似"遥不可及"的资源，其实也没那么神秘。资源满天飞，但是真正属于你的资源其实没几个。真正属于你的资源有三个方面的特质：边界性、稀缺性、价值性。

- **边界性**。任何资源要发挥作用，都有其边界条件，只会在某一个特定的时间、地点、条件下发挥作用。所有的行业都有荣枯，所有的企业都有兴衰，所有的职位都有任期，这是社会规律，我们要充分认识到这一点，不能盲目扩大某个资源发挥作用的边界。
- **稀缺性**。谁都能利用的资源，价值含量就不会太大。哪怕你和某位"大咖"一起开过大会、合过影、交换过名片甚至吃过饭，其实他未见得记得住你，这个大咖并不算是你的资源。只有别人都调动不了，而只有你能够调动的资源，才是你的资源。
- **价值性**。不产生价值的"资源"其实是伪资源，但是资源本身不产生价值，资源只有通过交换才能产生价值，而交换的前提条件是"对等"。"资源"们的时间和精力也是有限的，他们也在寻找和自己相同体量的资源合作。你一个 20 多人的小公司，就不要整天琢磨着跟世界 500 强合作了，抓紧时间赚到现钱才是关键。世界 500 强随便一个流程走完都是好几个月，小公司耗不起。

10.7　老板思维：穿越六个面的"虫洞"

"老板"的思维模式和普通人很不一样。这个世界上有"总经理"或"董事长"头衔的人非常多，但是头衔不代表真实的能力。这些年我们见过非常多的"老板"：年轻的创业者、资深技术专家、工厂主、知名企业的高层管理者、上市公司董事长或总经理等，这些人很多都拥有名牌大学的学历、丰富而光鲜的职业经历、不错的资源背景，但是真正符合"老板"这个位置要求的人却屈指可数。很多人没做老板时在自己的专业领域还挺英明的，一旦坐上老板的位置就昏招频出。

"企业发展的最大障碍，就是老板的自身素质"，这句话简直是一语中的，尤其是在企业内部，因为你是"老板"，所以几乎没有人会当面指出你的短板，在很多情况下只能靠老板自己"悟"。何况很多老板只招"看着顺眼""听话"的人，所以就更不会有人说实话了。最吊诡的是，很多老板过去最最引以为豪的经验或经历恰恰变成了个人和企业发展的最大瓶颈。

比如，有的老板自己是技术"大牛"，于是只和懂技术的客户才聊得来，但是懂技术的客户往往没有采购决策权；而在财务出身的老板眼里，一切皆是财务，甚至用财务的思维去管理市场销售，保证一管一个死；很多学院派的创业者，习惯于把客户当学生，他们的销售方法更像是给客户上课，讲得激情四射，以至于搞忘了要把产品卖出去；有的大公司职业经理人创业，满口流程、指标、KPI……没几天员工就全跑光了。

相对于优秀的职业经理人，老板不仅仅是"拥有思维的六个面"，更是能够从任意一个面出发都能解决另外几个面的问题——产品技术的问题用市场营销解决，市场营销的困境用资本运作突破，经营管理的关节用人力资源体系打通，企业的内部短板用外部资源填充……（见图 10-2）。如果说我们大脑的构成就像宇宙一样深邃，那么这种打通不同思维模式的方法就是思维的"虫洞"，让你一瞬间就能完成思维平面的转移，极大提升企业竞争力，让那些只会按部就班的行业对手望尘莫及。

比如想在竞争对手的优势区域抢单，就有很多操作方式：直接用优质低价的产品去冲击对方（市场行为）；把对手在该地的销售团队"连锅端"（人力资源）；通过大笔融资直接去收购对方（资本运作）；收购 / 控股对方的上游核心供应商（供应链断供）……

经理人思维	老板思维
➤ 和技术专家聊技术 ➤ 和渠道伙伴聊市场 ➤ 和金融机构谈投融资 ➤ 和管理专家谈企业变革 …… **要面对和处理很多事情， 快速响应，各个击破**	✓ 产品技术的问题用市场营销解决 ✓ 市场营销的困境用资本运作突破 ✓ 经营管理的关节用人力资源体系打通 ✓ 企业的内部短板用外部资源填充 …… **可以找到"很多事情"之间的关联，只做 关键的事情和关键决策，把控全局**

图 10-2　两种思维

如果把上述手段配合使用，打出组合拳，就可以让对手防不胜防，只能早早缴枪投降。

根据爱因斯坦的理论，宇宙的"虫洞"（见图 10-3a）可以看作连接宇宙遥远区域间的时空细管，把相隔数亿光年的平行宇宙连接起来，并提供时间旅行的可能性，能够让极其遥远距离的旅行瞬间完成。

而老板思维的"虫洞"（见图 10-3b），就是能够在几个相距甚远、看似毫不相干的领域建立关联，让思维可以"瞬间"从一个面到达另一个面，从而能打出组合拳，让对手防不胜防。

a）宇宙的"虫洞"

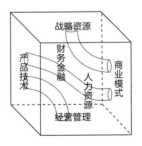

b）老板思维的"虫洞"

图 10-3　"虫洞"

只要时间和精力足够，普通人建立这六个面并不难，但是要想把这六个面彻底打通，很多人一辈子都做不到！因为这需要的不仅仅是聪明，更是"悟性"。

这六个方面的素质都很强的老板几乎没有，总是会有强有弱。老板需要做的是充分发挥自己的强项和优势，同时也要能和非自己专业领域的人士进行沟通，通过各种手段补齐自己的短板（比如找到合适的人作为助手）。

对企业战略来说，这六个方面的搭配应该是"充分发挥其中一个优势形成核心竞争力，同时在其他几个方面不犯原则性错误"。能够做到这一点的老板和企业，基本上就能够发展得比较稳健了。这样的老板值得长期合作，这样的企业也值得投资。

我们学习创业和做老板的思维，并非一定要开公司、做老板。其实创业和做老板是一种心态，而不是一种状态。有的人虽然注册了自己的公司，做了老板，但根本就不具备老板的能力和格局。

如果你在打工时扎扎实实做好手头工作，把老板的事业当自己的事业做，反复琢磨老板是怎么想的，是怎么为人处世的，你终究有一天会成就自己的事业。

第十一章

自我批判：解决方案销售的局限性

包治百病的药，一定是假药；包治百病的医生，一定是骗子或庸医。任何理论、任何工具、任何思想，都有它起作用的外部环境和边界条件。我们不能手上拿着锤子，就看什么都像钉子。

诚如前言中所说：我们没法教读者怎样做出"颠覆世界"的产品，也不会教读者怎样快速获得成功、走向人生巅峰。因为这些都涉及很多因素，除了自身的努力，天赋、机遇也非常重要。

我们所能分享给读者的是，作为技术工作者，怎样在时间有限、资源有限的前提下，能够基于手头有特色的技术或产品，搭建、运营和管理自己的团队，通过合法合规的运作，规避各种风险、抓住市场机会，实现自己的目标。

作为一个践行"解决方案销售"多年的职场人，我必须明确这套方法论的作用边界所在，否则就是误人误己。

解决方案销售方法论的作用边界，就隐含在解决方案销售的"初心"之中。

解决方案销售的初心，首先是承认世界上的确有些人有销售天赋、技巧和运气，而绝大多数人并没有这些东西。于是才需要通过建立解决方案销售的方法论和管理流程，让那些"普通"销售员的业绩也能够达到企业发展的要求。

毕竟，企业要长期健康地发展，不能仅仅依靠那些"天才"销售员的好运气，而应该尽量用企业平台去运作。

换言之，在某个具体的项目中，尤其是在重大项目中，顶尖销售员（往往是老板自己）的拓展效果，往往会超过那些只会靠流程和制度销售的普通员工。所以，那些企业战略级的项目，一定要老板亲自出马、亲自拍板才能做成。

如果几个竞争对手的产品技术、企业品牌、交付能力、资本运作能力、客户关系等都势均力敌，那么谁的解决方案做得好，谁的 PPT 做得更好，在单个项目中是有很强的加分作用的。那么，"解决方案销售"的常见盲区有哪几种呢？

11.1 在绝对实力面前，所有的技巧都是浮云

如果你们公司的产品技术能满足用户刚需（比如高端芯片、特效药），谁也无法替代；如果你们公司有着很扎实的客户关系，几乎是水泼不进；如果你们公司的资本运作能力极其强大，可以大大减少项目运作成本，还能扛得住经济周期；如果……那么恭喜你，你压根儿就用不着太多的"销售技巧"，也不需要什么营销手段，直接出去拓展市场就行了，越快越好。

在这些绝对的"实力"面前，所有的技巧都是浮云，因为实力本身就是最彻底的解决方案。

马斯克说自己讨厌做营销，因为"营销就是欺骗"。很多人深以为然，认为企业不该在营销上浪费太多资源。其实马斯克本人就是最大的

营销卖点，他的任何动态、任何讲话都会上"头条"，他就是手头所有企业（不只是特斯拉）最大的，甚至是唯一的推销员。有了这种超级个人品牌（IP），其他传统的营销手段的确可有可无。如果你和你的企业还做不到这点，那么该做的营销手段还是要做的。

11.2 以问题为导向的思维模式容易一叶障目

解决方案思维的一个很大的特点，就是看客户有什么"问题"需要我们帮他们"解决"。如果客户讲不出他们的问题，或者客户对自己的问题不太了解，就更难确定客户的"问题"所在了，又何谈做解决方案和形成销售呢？

这就很容易陷入"先有鸡还是先有蛋"的死循环。

而客户往往真的不知道自己的问题和痛点在哪里；即使知道了，他们也不一定愿意说；即使说了，也未见得说得准……如果一线销售员把这种含混不清的"客户需求"不加鉴别地反馈回公司，公司能做出好的解决方案才怪。

只知道一味满足"客户需求"的公司和销售员，很难得到客户的尊重。只有那种比客户站得更高、看得更远，可以引导客户厘清自己需求的销售员和企业，才可能被客户所信赖，从而愿意跟你推心置腹地谈真实情况。

只有具备超越解决方案之外的能力和维度，才能做好解决方案销售。

11.3 难以产生颠覆性的产品和方案

还记得解决方案的定义吗？

买卖双方在共同认定的问题上找到达成共识的答案，并且答案要体现在可测量的改善之处。

蒸汽机取代人力、电灯取代煤油灯、汽车取代马车、智能手机取代功能手机……在这些产业变革发生之前，有几个人能够预知这些新技术到底会给人类社会带来什么变化呢？这些变化是怎么"可测量"地改变了人类社会，恐怕连创造者和参与者自己也想不到。

历史上真正具有颠覆性的产品和方案，往往都是绝大多数人所无法预知的，你几乎不可能通过市场调研来确定这些产品的需求和形态。

正如亨利·福特所说：如果你问你的顾客需要什么，他们只会说需要一辆更快的马车。事实上顾客的潜意识中想表达的是：我想要更快、更安全、更舒适地到达目的地。

有时候客户所表达的"需求"，既包含了他的"底层需求"，也隐藏了他的"底层需求"，而且他自己还浑然不知。所以，你不仅仅要理解客户的"需求"，更要理解客户的"底层需求"。

如果你想穿越这重重迷雾找到真正的"解决方案"，就不仅要懂客户的需求，更要懂人性的底层逻辑。也就是要回到所谓的"第一性原理"。

如果你只是带着"做市场调研，了解客户需求"的心态去做市场调研和客户需求分析，往往会疲于奔命，效果堪忧；如果你善于洞察客户的"底层需求"，在做市场调研和客户需求分析时，则往往能拨云见日，事半功倍，而且能催生出伟大的产品和方案。

解决方案销售的方法论是个好东西，但是必须在合适的领域和合适的条件下使用，而且它的作用也不是无穷大的。

无论说"做解决方案压根儿就没用"，还是说"一切都靠解决方案销售"，都会让企业发展受限。所以，企业要具备做解决方案销售的能力，也要有超越解决方案销售的气魄和格局。这样才能够把好技术变成好生意，并最终成就好事业！

后 记

企业是一个生命体

如果您已经通读完全书，一定会感到信息量巨大，而且维度也很多：从市场战略到具体的产品营销的打法，从人才的选用育留到职业发展通道，从团队运作到流程管理，从职业经理人的成长到老板思维、创新创业思维的养成，等等。

有朋友问我：上述这些方面，从任何一点展开都是一个巨大的题材，都能够独立成书，为什么要放到一本书中进行阐述？

这是一个非常好的问题，也体现了本书的重要思想：企业是一个生命体。这其中包括了四层意思。

第一，虽然本书主要谈的是"解决方案销售"这个岗位，但这个岗位其实涉及企业运作的方方面面。事实上，在企业中，没有任何一个岗位会独立于企业的整体运作而存在。而如果要想做好任何一个岗位，尤其是重要的经营管理岗位，必须要有跳出岗位看岗位，甚至跳出企业看企业的全局思维和能力。

每一个岗位所存在的价值都是和企业的整体价值相关的，每一个岗位所存在的问题也和企业的整体问题相关。正如一个生命体中的任何一个器官的运作情况都和整个生命体运作相关一样。

第二，企业是一个生命体，所以不能以为把制度、流程都白纸黑字地写好了，甚至把成功大企业的东西都照搬来了，企业就能像精密机械一样运转下去。因为具体事项的落地还是得靠具体的人。人是最灵活多变的，是企业中最大的变量。

所以，无论在企业中担任什么职务，一定要一只眼睛盯制度流程建设，另一只眼睛盯人。

第三，企业是一个生命体，但是每个生命体都有其独特的生存和发展的方式、转型和蜕变的方式，甚至退出历史舞台的方式。有的企业必须要做大做强，不做大做强就没有出路；有的企业就适合做"小而美"，并可以长期生存。

"做大做强"和"基业长青"这两个"愿景"对于某些行业和企业是相辅相成的；而对于某些行业和企业则是背道而驰的，只能二选一。

正因如此，本书中并没有一味强调要向哪个大企业学习，而只是把它们作为案例进行分析和分享。

第四，企业是一个生命体，生命体很难做到永生。他们都是适时而生，适时而变，适时而灭。

的确，有的企业存在了数十年、上百年甚至数百年，但是现在的这个企业和当年的那个企业还是同一个企业吗？企业在发展过程中，都是在根据内外部的情况不停地进行调整，以适应环境的变化，以至于过段时间会变得"面目全非"。

正如忒修斯之船悖论：一条船，每一次换掉一条木板，当所有的木板都换过以后，还是原来的船吗？

我认为：企业可以变化，可以消失，企业家的生命也有限度，但企业家精神与世长存！

作者　夏广润